# 건축 문화재 이야기

건축 문화재 이야기
Inside Story of Architectural Heritage

글 · 사진 : 김 성 도

초판발행 : 2014년 11월 18일
초판 2쇄 : 2015년 11월 30일

펴낸곳 : 도서출판 고려
펴낸이 : 권영석
출판등록 : 1994년 8월 1일(제2-1794호)

실장 : 권대훈
기획편집 : 최준
표지디자인 : 조재천
본문디자인 : 박경수
제작 · 마케팅 : 박형우

주소 : 서울특별시 중구 퇴계로 161
전화 : 02.2277.1424
팩스 : 02.2277.1947
홈페이지 : http://www.koprint.kr
전자우편 : koprint@hanmail.net
인쇄 : 고려문화사 02.2277.1424
제본 : (주)에스엠 · 북 031.942.8301

ISBN : 978-89-87936-39-0   03540

※ 잘못된 책은 바꾸어 드립니다.
※ 값은 뒤표지에 있습니다.

이 책의 저작권은 저자에게 있습니다. 저작권법의 보호를 받고 있으므로 저자와 출판사의 사전 허락 없이는 어떠한 형태나 수단으로도 이 책의 내용을 인용하거나 발췌할 수 없습니다.

Copyright© 2014 by Seong Do Kim
Photograph© by Seong Do Kim
All rights reserved including the right of reproduction in whole or in part in any form. Printed in Korea.

이 도서의 국립중앙도서관 출판시도서목록(CIP)은 서지정보유통지원시스템 홈페이지(http://seoji.nl.go.kr/ecip)와 국가자료공동목록시스템(http://www.nl.go.kr/kolisnet)에서 이용하실 수 있습니다. (CIP제어번호 : CIP2014032699)

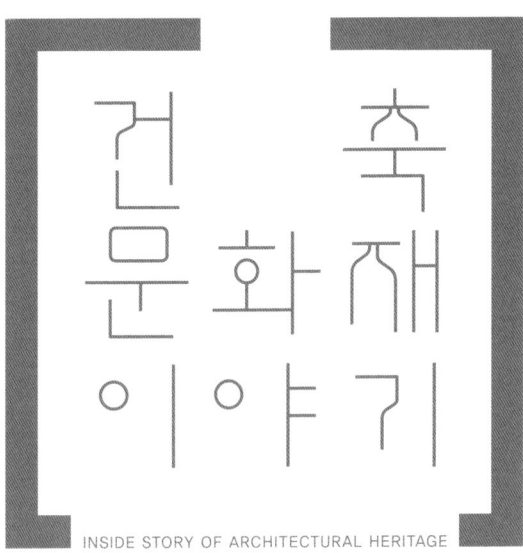

[ 머리말 ]

건축 문화재는 일종의 타임캡슐이다. 지어질 당시의 역사와 문화를 담았고, 재료와 기술을 담았으며, 그곳에서 살아온 사람들의 철학과 삶의 모습을 오롯이 담고 있다. 더욱이 처음 지어질 때의 모습과 이후의 변화되어 온 모습까지도 담고 있기에 시대별 모습을 살펴볼 수 있는 일종의 소규모 종합박물관이다. 이집트 기자에 있는 고대 문명의 위대함을 담은 피라미드군, 그리스 아테네에 있는 고전 예술의 아름다움을 담은 아크로폴리스, 독일 쾰른에 있는 중세 고딕의 진수를 담은 쾰른 대성당, 우리나라 수원시에 있는 근대기의 실학 정신과 과학 기술을 집대성하여 담은 수원 화성 등에서 이를 잘 알 수 있다.

우리는 이러한 건축 문화재를 통해 한 나라를 이해하는 경우가 일반적이며, 따라서 건축 문화재는 그 자체만으로도 나라를 대표하는 소중한 문화 자산이 된다.

최근 교통과 정보 기술의 융합 발달로 건축 문화재는 보다 쉽게 찾아갈 수 있는 대상이 되었다. 이로 인해 국내외 건축 문화재 현장을 직접 찾아 둘러보면서, 그 수리에 대한 것까지 깊이 있게 알고자 하는 분들이 많아지고 있다. 이에 필자는 건축 문화재 수리에 관하여 전문적 수준을 갖추면서도 알기 쉽게 소개하는 글의 필요성을 느꼈다. 또한 필자는 문화재청에서 우리나라 건축 문화재를 대상으로 보존·관리업무를 해오면서 문화재 수리에 필요한 설계검토·기술지도 외에도 해외에 있는 건축 문화재 현장 조사 등을 하게 되어, 그 내용을 문화재사랑 등 관련 잡지에 소개하여 왔는데, 그중 일부를 지면 제한 등 제약 없이 작성하여 제대로 소개할 필요성을 느꼈다. 더불어 건축 문화재는 옛 기록 등 역사에 대한 이해를 더하고 정확한 용어를 알아야 그 가치를 더욱 잘 인식할 수 있기에, 이와 관련하여 그동안 연구해 온 내용 가운데 함께 공유하고픈 내용을 소개할 필요성을 느꼈다.

이 책에서는 이러한 취지를 담아 크게 세 단원으로 주제를 구분하여 글을 수록하였다.

첫 단원에서는 건축 문화재 수리를 주제로 하여 글을 구성하였다. 건축 문화재 수리라는 전문 분야에 쉽게 다가가 이해할 수 있도록 사진을 담은 단편을 작성하여 수록하였다.

둘째 단원에서는 건축 문화재 현장을 주제로 하여 글을 구성하였다. 국내외의 건축 문화재 현장에서 관찰되는 내용과 현지 조사 내용 등 전문적인 내용을 쉽게 이해할 수 있도록 풍부한 사진 자료를 담아 설명하였다. 마지막 셋째 단원에서는 역사가 전하는 건축 문화재를 주제로 글을 구성하였다. 오늘날 제대로 알려져 있지 않은 우리나라 전통 건축 문화재에 관련된 내용을 옛 자료 분석 등을 통해 알기 쉽게 설명하였다.

이 책은 많은 분들의 도움과 격려로 가능하였다. 탄탄한 학문적 기본 토대를 쌓도록 올바른 가르침을 주시고 침된 연구가의 모습을 보여주시는 주남철 교수님, 일본에서 연구하는 동안 편의를 제공해 주신 고(故) 카타기리마사오(片桐正夫) 교수님, 출판을 맡아 편집부터 교정까지 헌신적으로 꼼꼼히 챙겨 준 권대훈 실장, 최준 선생과 출판사 관계자, 사진을 제공해 주신 여주시청 문화관광과의 성세환 팀장에 감사를 드린다. 또한 언제나 따뜻한 격려와 아낌없는 신뢰를 보내 주시는 김원기 국장님, 새롭게 부임하여 근대문화재과를 이끌고 계시는 정세웅 과장님을 비롯하여 문화재청에 계신 여러분의 격려에 힘입어 결실을 맺을 수 있었기에 거듭 감사드린다.

또한 언제나 든든한 동반자인 아내와 항상 아빠를 응원해 주는 수안·나희에게 이 자리를 빌려 고마움을 전한다. 끝으로 이 책이 건축 문화재에 깊은 관심을 가진 분들에게 오래 기억될 수 있는 교양서로서 역할을 하기 바란다.

2014년 8월 　김 성 도

## 추천사

건축 문화재는 그것을 만든 민족의 정체성과 역사가 담긴 결정체이다. 그렇기에 건축문화재를 다룰 때에는 인문학적·공학적 전문 지식은 물론이고, 경험에 바탕을 둔 실무적이고도 전문적인 지식 등을 모두 갖추는 것이 필요한 것이다. 이 저서는 바로 이러한 내용을 밝히고 있다.

뿐만 아니라 일반적으로 접하기 힘든 건축 문화재 수리에 대한 사항들과, 국내·외의 현장 조사 내용 등 다양한 내용을, 인문학적이고 과학적이면서 경험적 전문 지식을 녹여 놓은 것으로, 이는 전문가들이 꼭 알아야 할 내용들이다. 더욱이 풍부한 사진들과 단편 형식의 글로써 알기 쉽게 구성하고 있어 누구나 흥미를 갖고 접근할 수 있게 하였다.

이는 저자인 김성도 박사가, 박사 학위 과정 이래로 20여년에 걸쳐 축적해 온 학술성과를 바탕으로 하여 건축 문화재에 대한 열정을 갖고 문화재청 업무를 수행하면서 전문적 실무 경험을 꼼꼼히 정리하여 왔기에 집필 가능한 것이다.

이 책은 세 단원으로 구성되었다. 첫 번째 단원은 건축 문화재 수리를 주제로 한 글들을 수록하고 있다. 여기서는 건축 문화재 수리의 개념과 특수성, 국가마다 차이를 보이는 수리방법과 우리나라의 수리방법 등, 수리를 이해하기 위한 기초 내용부터 수리 시 건축 양식을 제대로 알아야 하는 이유 등등, 건축 문화재 수리에 관련된 풍부한 내용을 담고 있다. 이 또한 저자가 과학적인 원리를 바탕으로 한 폭넓은 전문 지식을 가지고 있음을 말해 주는 것이다.

두 번째 단원은 건축 문화재 현장을 주제로 한 글들을 수록하였는데, 안국동별궁, 일본 코오토쿠인 경내의 무량수각, 캄보디아 앙코르 지역 등 건축 문화재 현장에서 조사한 내용을 담고 있다. 누구나 쉽게 접할 수 없는 현장을 대상으로 한 저자의 철저하고 충실한 사료 조사와 전문적 식견이 돋보이는 단원이다.

　세 번째 단원은 역사가 전하는 건축 문화재를 주제로 한 글들을 수록하였는데, 수호사찰·능침사찰 등 사료 속 용어에 대한 뜻풀이와 함께 한일 불교 건축에 대한 역사적 내용 등을 담았다. 특히 한국 불교가 일본 불교의 뿌리였음에도 불구하고, 19세기 말 한국 침탈에 앞장섰던 일본 사찰과 일제 강점기에도 고유성을 지켜 온 한국 사찰 등, 한일 두 나라 불교의 사찰건축물에 대한 내용들이 저자의 깊고도 넓은 연구로서 누구나 이해하기 쉽게 설명되고 있다.

　이상으로 이번 출판하는 이 저서는 일반인들은 물론 문화재와 건축사 분야 전공자들도 필독하여야 할 역저인 것이다. 그간 오랫동안 김성도 박사의 꾸준한 연구와 여러 저서들을 출판하고 있는 모습을 지켜보아온 저자의 지도교수였던 사람으로서 자랑스럽게 밝히는 바이다.

2014년 10월
고려대학교 명예교수　주 남 철

[ 목차 ]

**머리말** · 04
**추천사** · 06

## 건축 문화재 수리 이야기

건축 문화재 수리의 이해 · 13
건축 문화재 분야에서 보수와 수리 용어의 차이점 · 33
목조 문화재 수리 시 쓰이는 수리용덧집 분진망에 대한 과학적 이해 · 37
일식 가옥 문화재 수리 시 알아야 할 기본 사항들 · 43
석조 문화재 수리 시 상세한 주변 현황 실측이 필요한 이유 · 51
강화 외성 토층의 강회 사용 여부 확인 방법 · 57
목조문화재에 대한 방충 일반 상식 · 63
전통건축 양식의 중요성 · 69

## 건축 문화재 현장 이야기

파주 혜음원지에 간직된 옛 초석 구성 방식 · 75
수원 팔달문 화반벽의 건식 공법 소고 · 83
안국동별궁 조사 후기 · 91
일본 코오토쿠인高德院 경내 무량수각無量壽閣 조사 후기 · 115
미타사 금보암 관음전 조사 후기 · 135
잠에서 깨어난 캄보디아의 진주, 앙코르 · 151
20년 주기로 재건되는 이세신궁伊勢神宮 · 173

## 제3부

## 역사가 전하는 건축 문화재 이야기

전통 단위의 의미 · 183
옛 기록에 나타난 수호사찰 · 187
옛 기록에서 본 조선 시대 능침사찰 · 197
요사 풀이 · 203
원당사찰 풀이 · 211
역사로부터 본 한국과 일본 두 나라 불교 건축 · 219

**참고문헌** · 234
**사진설명** · 238
**찾아보기** · 246

# 건축
# 문화재
# 이야기

제 1 부

건축 문화재 수리 이야기

001 거창 동계 종택
002 석굴암 내부 모습
003 고구려 장군총 모습
004 남한산성 성곽 모습

# 건축 문화재
# 수리의 이해

## 건축 문화재의 뜻

　문화재는 표준국어대사전에 따르면 "문화 활동에 의하여 창조된 가치가 뛰어난 사물"로 정의되어 있다. 이러한 사전적 의미를 따른다면 건축 문화재는 "문화 활동에 의하여 창조된 가치가 뛰어난 건축물"이라고 정의할 수 있겠다.

　역사적으로 보면 우리 조상은 선사 시대 이래로 문화 활동을 지속하여 오면서, 고인돌·성곽·주거 및 종교 건축 등을 비롯한 다양한 건축물을 만들어 왔다. 이들 건축물은 시대가 지나면서 역사성, 예술성, 학술성 등 그 가치를 인정받아 문화재보호법에 따른 문화재로 지정되거나 등록되어 보존되고 있다.[1] 이러한 법적 관점을 따른다면 건축 문화재는 "인간의 문화 활동에 의하여 만들어진 것으로서 역사적, 예술적, 학술적 가치 등을 인정받아 문화재로 지정 또는 등록된 건축물"이라 하겠으며, 이는 전술한 정의와 다르지 않다.

## 우리나라 건축 문화재 수리 원칙

건축물을 포함한 모든 문화재에는 해당 국가의 고유한 문화와 역사는 물론이고 건립 당시의 기술과 기법 등이 담겨져 있다. 이러한 의미에서 문화와 역사의 총체가 녹아 있는 귀중한 보고인 문화재를 온전히 보존하는 것은 그 국가의 정체성 확립과 직결되는 매우 중요한 사안이다.

문화재가 지닌 이러한 가치에 따라 「문화재보호법」에서는 문화재의 보존·관리 및 활용의 기본원칙이 원형유지임을 규정하고 있고, 또한 「문화재수리 등에 관한 법률」에서는 이 법률의 목적이 문화재를 원형으로 보존·계승하기 위한 것임을 명시하여, 법률로 문화재 수리의 기본원칙이 '원형유지' 임을 밝히고 있다.[2]

그리고 '원형유지' 라는 기본원칙을 구체적으로 뒷받침하기 위하여 문화재청은 기존의 국제헌장과 원칙에서 정한 기준을 존중하면서 우리나라의 실정과 현실에 맞게 만든 지침인 「역사적 건축물과 유적의 수리·복원 및 관리에 관한 일반원칙」을 제정(2009.9.3)하여 시행하고 있다. 여기에는 "문화유산은 한번 손상되면 원형을 회복하기가 어렵기 때문에 그 유산이 가진 가치와 진정성을 유지하고 보존하기 위해 노력하여야 한다."고 명시하여, 문화재의 원형이라 함은 당해 문화재가 가진 가치와 진정성이 유지되는 모습임을 밝히고 있다.

또 건축 문화재에 적용되는 수리 지침으로서 문화재청이 제정(2010.12.22)한 「문화재수리 등에 관한 업무지침」[3]에는 "문화재 수리에 따른 시대기준의 적용은 문화재 축조에 정당하게 기여한 모든 시대요소가 존중되고 유지되어야 한다."고 명시하여, 문화재에 나타나는 모든 시대요소를 존중하여 유지하는 수리가 되도록 하고 있다.

이는 건축 문화재가 세월 경과에 따라 노후화되는 외에도 자연 재해 등으로 손상을 받게 되며, 이에 따라 그 가치를 유지하기 위해 지속적으로 수리[4]되는데, 그 과정에서 창건 당초의 모습이 수리 당시의 기법·재료 등을 반영하여 각 시대의 흔적을 담으면서 바뀌어 가게 되기 때문이다. 그러므로 이러한 각 시대의 변화 모습도 모두 원형으로 보아 모든 시대의 흔적을 정당하게 존중하도록 하고 있다. 다만, 일제 강점기를 통해 우리 유산의 가치와 진정성이 훼손된 경우와 천재지변 등으로 지나치게 손상된 경우 등에는 문화재의 가치와 진정성 유지를 위하여 옛 사진 및 관련 유구 등 직접적인 고증 자료를 바탕으로 훼손·손상되기 전 모습으로 수리하게 된다.[5]

## 국내외 사례에서 본 건축 문화재 수리 현황

건축 문화재는 기본적으로 사람이 살아가는 곳이다. 따라서 세월이 흘러 노후화되어 내구력이 약화되면 문화재적 가치와 진정성이 보존되도록 하면서 사람이 살 수 있게 수리된다.[6]

이 때 수리 기간, 예산 등을 포함하여 건축 문화재 수리 방법은 국가마다 다양하며, 해당 국가의 경제력, 문화적 수준, 역사적 배경, 수리 철학 등에 따라 영향을 받는 것을 볼 수 있다.

여러 국가가 유네스코의 일원으로 참여하여 건축 문화재 수리를 하고 있는 캄보디아 앙코르 지역 현장에서는 이러한 국가별 건축 문화재 수리 방법의 차이점과 경제력의 필요성을 잘 살펴볼 수 있다.

프랑스가 참여하여 수리하고 있는 바푸온(Baphuon)[7] 사원 수리 현장에서는 크레인 등 현대 장비의 사용은 물론이고 철근콘크리트 등의 현대 재료도 적극 사용하고 있는 것을 볼 수 있다. 근대 시기에 오귀스트 페레(Auguste Perret)[8]가 철근콘크리트를 사용하여 파리 근처 르랭시에 노트르담 교회를 만드는 등 프랑스의 근대 역사 속에서 새로운 재료 사용에 크게 거부감이 없는 역사적 배경에 따른 결과로 보인다.[9]

미국이 참여했던 프놈 바켕(Phnom Bakheng) 사원 현장[10]에서는 원래 모습대로 수리하기 보다는 현황 그대로 보존하는데 가치를 두고 수리한 것을 볼 수 있다. 탑의 바깥 사면으로 목재와 로프 등을 이용하여 둘러싸서, 더 이상 붕괴가 진행되지 않도록 하고 있다.

일본이 참여하고 있는 클레앙(Khleang)[11] 사원 수리 현장[12]에서는 땅을 다지는 달고를 직접 제작하여 사용하는 것을 볼 수 있으며, 현대적 장비의 활용보다는 전통

005  바푸온(Baphuon) 사원 전면 전경

006    현대장비를 사용 중인 바푸온(Baphuon) 사원

007    철근콘크리트를 타설한 바푸온(Baphuon) 사원 상부

008 프놈 바켕(Phnom Bakheng) 사원 북측 전경

**009** 프놈 바켕(Phnom Bakheng) 사원 두번째 기단에 놓인 탑의 사면에 두른 붕괴 방지용 가설 시설 모습 (현황 그대로 보존하는데 가치를 두어 수리함)

**010** 클레앙(North Khleang) 후면 작업장 안에서 달고 제작하는 모습

방식에 의한 수리에 비중을 두고 있다. 시공 기법을 포함하여 가급적 원래의 방식으로 수리하므로, 당연히 오랜 수리 기간이 필요하게 된다.

캄보디아 압사라(APSARA : 앙코르 유적 총괄 기관)[13] 당국이 맡고 있는 밧 첨(Bat Chum 사원)[14] 현장에서는 나무로 엮어 만든 수리용 비계가 설치되어 있어, 문화재 수리가 잘 진척되지 않는 열악한 경제적 여건이 그대로 반영되어 있다.

경제적 여력이 닿지 않아 최소한의 붕괴 방지 조치만 한 챠우 스레이 비볼(Chau Srei Vibol)[15] 사원과 방치할 수밖에 없는 프놈복(Phnom Bok)[16] 사원 등에서는 경제력의 필요성이 잘 드러난다.

011 따 첨(Tat Chrum) 사원 고푸라의 나무 비계 모습

012 붕괴된 차우 스레이 비볼(Chau Srei Vibol) 사원 한쪽에 설치된 가설 지지대 모습

013  방치된 프놈 복(Phnom Bok) 사원 전경

문화재 수리를 외국에 의존하고 있는 캄보디아의 상황과 달리 우리나라는 한국 전쟁 직후의 가난과 폐허 속에서도 자력으로 숭례문을 수리하는 등, 우리 문화재에 대한 자긍심을 바탕으로 그 가치를 지키고자 한 것을 볼 수 있다. 이러한 역사·문화를 배경으로 다른 나라에 없는 문화재 수리를 대상으로 한 독립된 법률인 「문화재 수리 등에 관한 법률」을 제정하여 운영하고 있으며, 이밖에도 다양한 지침 등을 통하여 가치와 진정성이 유지될 수 있도록 수리를 행하고 있다.

유네스코 세계 유산으로 지정되어 있는 수원 화성의 팔달문[17]은 2010년 6월부터 2013년 3월까지 약 47억 원을 투입하여 해체 보수하였는데,[18] 우리 건축 문화재 수리 현황을 볼 수 있는 좋은 사례이다.

기본적으로 팔달문 수리는 손상된 목재를 신재로 교체하지 않고 최대한 보수하여 재사용하였다. 예로써 대들보의 경우 상부기둥이 누르는 곳에 위치한 목재 부분에서 터짐과 갈라짐이 발생하고, 자연 건조에 의해 갈라짐과 할열이 발생하는 외에도 백색 부후균 균사에 의해 부식되어 그 역할을 할 수 없는 문제점이 나타나 이를 해결하기 위하여 방충 및 훈증 소독을 하고 하이브리드 공법으로 보수하였다. 이 공법은 목재에서 손상된 부위 및 부후균에 의한 피해 부분을 제거한 다음 특수 에폭시를 주입하고 유압프레스로 압체한 후 다시 철물로 보강하는 방법으로, 이를 통해 손상된 부재를 신부재로 교체하지 않고 대부분 재사용하였다.[19] 이와 함께 보 상부에 丁자형 철물을 부착하여 상부 하중에 대응하는 내력을 증가시켰다.

또한 창방과 평방 부재가 상부 하중 및 노후화로 인해 처지는 문제점이 나타나 이를 해결하기 위하여 평방 밑면에 탄소섬유를 부착하여 내력을 증가시켰다.[20] 이를 통해 부재 단면 확대 등의 변형 발생 없이 기존 부재를 그대로 사용하여 문화재적 가치와 진정성이 유지되도록 하였다.

014 팔달문 전경(수리전 모습)

015 철골 가설덧집을 씌운 팔달문 전경

016 팔달문 가설덧집 내부 모습

017 팔달문 가설덧집 내 부재 적재 현황

018 하이브리드 공법 및 T자형 철물로 보수 보강한 보와 그 위에 기둥을 올린 모습

019 탄소섬유를 부착한 1층부 평방의 밑면 모습

## 시대의 한계와 철학을 반영하는 건축 문화재 수리

건축 문화재 수리는 「문화재보호법」, 「문화재수리 등에 관한 법률」 등 법률과 「문화재수리 등에 관한 업무지침」 등에 명시된 규정에 따라 원형유지 기본 원칙 아래 문화재의 가치와 진정성을 유지하면서, 문화재에 나타나는 모든 시대 요소를 존중하고 유지하도록 하고 있다.[21] 그런데 여기에는 특수성 및 한계성이 있다.

첫째로 건축 문화재 활용 철학에 따라 수리 시 원형의 개념 해석에 차이점이 상존하고 있다. 철원 노동당사와 같이 굴곡진 역사를 그대로 전하기 위해 손상된 모습 그대로 보존할 것인지, 목포 정명여자중학교 구 선교사사택과 같이 주거만을 가능하도록 할 것인지, 혹은 박물관으로 활용되는 구 통영군청과 같이 다수가 이용하게 할 것인지에 따라, 원형의 기준에 대한 해석을 달리 할 수 있다. 손상된 상태가 유지

020 　철원 노동당사(등록 제22호) 전면 전경

되는 정도로만 수리할 것인지, 사람이 살 수 있도록 수리를 할 것인지, 혹은 많은 사람이 이용하여도 안전하도록 상당한 정도의 보강 공사를 동반한 수리를 할 것인지 하는 사항이다.

다음으로 건축 문화재는 현재의 기술력과 문화재를 바라보는 인식 등 현실적 한계가 상존하고 있다. 문화재 재료의 내구연한 등 물리적 한계, 축적된 수리 기술 및 자료 수준, 문화재 활용 방안 및 인문학적 시각, 수리 예산 및 기간, 나라별 처한 자연환경 등 현실적 여건에 따라, 이상적인 원형과 현실적인 원형 간에 차이가 나타날 수 있는 한계성을 지닌다.[22]

마지막으로 건축 문화재는 시간이 지남에 따라 원형도 중첩되어 간다는 점이다. 건축물의 창건 당초의 모습은 여러 차례 수리를 거치면서 수리 당시의 기법·

021 목포 정명여자중학교 구 선교사사택(등록 제62호) 전경

**022** 구 통영군청(등록 제149호) 전경

재료 등을 반영하여 각 시대의 흔적을 담으면서 바뀌어 가며, 시대적 활용 상태에 따라 다양하게 평면 및 입면 등 그 모습도 변화해 가게 된다. 이에 따라 어느 부분을 원형으로 볼 것인가에 대한 해석을 달리할 수 있으며, 프랑스의 경우 르꼬르뷔제(Le Corbusier)[23] 설계 건축물에 대하여 지적재산권을 갖고 있는 르꼬르뷔제 재단에서는 이러한 원형에 대한 해석을 전문가의 영역으로 보고 있다.[24] 이는 우리나라도 마찬가지여서 문화재 전문가로 이루어진 문화재위원회 및 소속 위원들의 자문을 중시하고 있다.

이처럼 건축 문화재는 기술력 등 그 시대의 한계와 철학 등을 담을 수밖에 없으며, 이러한 특성에 따라 각 시대별 수리에 대한 특징을 살펴볼 수 있는 소중한 자료가 되고 있다.

## 주석

1 문화재보호법 제2조(정의) 제1항에서 "문화재"란 인위적이거나 자연적으로 형성된 국가적·민족적 또는 세계적 유산으로서 역사적·예술적·학술적 또는 경관적 가치가 큰 유형문화재, 무형문화재, 기념물, 민속문화재를 말하며, 같은 조 제2항에서 "지정문화재"란 국가지정문화재, 시도지정문화재, 문화재자료를 말하고, 제3항에서 "등록문화재"란 지정문화재가 아닌 문화재 가운데 문화재청장이 법률에 따라 등록한 문화재를 말하고 있음을 규정하고 있다.

2 문화재보호법 제3조(문화재보호의 기본원칙)에 "문화재의 보존·관리 및 활용은 원형유지를 기본원칙으로 한다."고 규정하고 있다. 한편 2010년 2월 4일 제정되어 2011년 2월 5일 시행된 문화재수리 등에 관한 법률 제1조(목적)에서도 "이 법은 문화재를 원형으로 보존·계승하기 위하여 문화재수리·실측설계·감리와 문화재수리업의 등록 및 기술관리 등에 필요한 사항을 정함으로써 문화재수리의 품질향상과 문화재수리업의 건전한 발전을 도모함을 목적으로 한다."고 하여 문화재 수리를 하는 목적이 문화재의 원형보존과 그 계승임을 밝히고 있다.

3 이 지침의 적용 범위는 제2조에서 지정문화재 중 건조물, 사적, 명승과 이와 유사한 문화재의 수리로 규정하고 있다.

4 문화재 수리는 보수·복원을 모두 포함하는 개념으로, 「문화재수리 등에 관한 법률」 제2소 정의에는 보수·복원·정비·손상방지를 위한 조치까지 포함하고 있다.

5 박양희 김성도, 「문화재 원형유지를 위한 무화재수리 소고」, 문화재이야기 2, 문화재청, 2012.12, p.26 참조

6 예외적으로 철원 노동당사 등과 같이 전쟁의 참상을 전하기 위해 총탄의 흔적 및 파괴된 모습 그대로 보수하는 경우도 있다.

7 우다야디티아바르만(Udayadityavarman) 2세 때인 11세기 중반에 건립된 5단의 피라미드형 힌두교사원으로 프랑스극동학원(EFEO)에서 1954년부터 단속적으로 보수하고 있다.

8 1874~1954. 프랑스 건축가로 철근콘크리트 구조 연구 및 기법 개발로 유명. 작품으로는 파리 프랑클랭가(街) 25번지의 아파트(1903. 철근콘크리트 구조), 퐁티외가에 만든 차고(1905년. 철근콘크리트 구조), 샹젤리제의 파리 극장(1913), 파리 근처 르랭시에 지은 노트르담 교회(1922~23) 등이 있다. 한편 페레 외에도 조제프 모니에(Joseph Monier. 1823~1906)는 철근콘크리트 바닥 개발 및 철근콘크리트 보·기둥을 제작하였고, 프랑수아 엔비크(François Hennebique)는 현재 쓰이는 늑근과 주근으로 보강한 철근콘크리트 구조 공법을 개발하여 파리에 아파트를 건설하였으며, 이들의 노력에 힘입어 철근콘크리트 구조가 널리 사용되게 되었다. 김성곤, 「서양건축사」, 기문당,

1998, 348~349 및 「브리태니커백과사전」 참조

9 문화재 수리 시 원래의 부재를 사용하며, 내력 약화로 인해 교체 부재가 발생할 경우 같은 재료(구할 수 없는 경우 유사한 재료)를 사용하게 된다. 이때 노후화로 인한 구조 보강을 위해 현대의 재료가 사용되기도 하지만, 이는 어디까지나 문화재의 가치 및 진정성을 손상하지 않는 범위에서 제한적으로 사용되어야 한다. 이러한 측면에 볼 때 바푸온 사원의 수리 방식은 이례적이라 하겠다.

10 미국은 WMF(World Monument Fund. 뉴욕에 본부를 둔 NGO 단체) 지원을 통해 참여하고 있으며 주로 캄보디아 문화부(Ministry of Culture) 사업을 주로 지원하고 있다. 캄보디아에서는 앙코르 지역을 압사라청이 전담하고 있고, 이를 제외한 지역을 문화부가 담당하고 있다. 이 때문에 앙코르 지역에서의 미국 참여는 상대적으로 저조한 편이다. WMF가 참여한 앙코르 지역 내 수리 현장으로는 프놈 바켕(Phnom Bakheng), 타 솜(Ta Som : 2001~2005), 프레아 칸(Preah Khan : 1991~2005), 앙코르 와트(Angkor Wat. 독일 GACP와 함께 벽화 보수) 등이 있으며, 프놈 바켕의 경우 압사라(Apsara)청의 요청을 받아 2004년 11월 미국무부의 재정 지원과 함께 각 분야 전문가들이 보존에 참여하였다.

11 레퍼왕 테라스(Terrace of the Leper King) 맞은편에 위치한 사원이다.

12 일본 팀이 참여하여 1994년부터 계속 보수 중이며, 전통 재료로 지붕을 보수하고, 또한 땅 다지는 공구인 달고를 캄보디아 현지 일꾼이 직접 제작하여 사용하고 있음을 볼 수 있다.

13 Authority for the Protection and Management of Angkor and the Region of Siem Reap

14 Today this temple structure is very ruined and it needs to be restored urgently or it would collapse in the short future. APSARA authority has a project to preserve it, but it gets very little progress. 밧 첨(Bat Chum) 사원에 대하여는 http://www.cambodiatourservices.com/attraction_detail.php?id=15 참조

15 2세기말 건립된 힌두교 사원(시바신에 봉헌)으로 20m 높이 언덕 정상에 건립되었으며, 앙코르 와트 사원에서 20km 정도 떨어져 있다.

16 야소바르만(Yasovarman) 1세 때인 9세기말~10세기초에 건립된 힌두교사원(시바 · 비슈누 · 브라흐마 3신에게 봉헌)으로 산봉우리 위에 건립됨. 그 배치를 보면 단일 기단 위에 성소가 되는 3개의 탑을 세우고 중앙 탑 앞에 4개의 도서관을 구성하였으며, 현재 산 입구에서 600개 가까운 계단을 올라 진입하게 된다.

17　팔달문은 정조 임금 주도로 18세기 실학 정신과 과학 기술을 집결하여 한국 전통 축성 기법에 외국의 축성 기법 장점 등을 도입해 만든 수원 화성(1796년 완공)의 남문으로서 1794년 건립되었다. 1848년부터 여러 차례 수리된 바 있다.

18　시공은 (주)계림종합건설, 감리는 (주)삼풍엔지니어링건축사사무소, 설계는 고당건축사사무소에서 하였으며, 문화재청 수리기술과 기술지도를 받아 수리하였다.

19　하이브리드(Hybrid) 공법의 장점으로는 새로운 부재로 교체하지 않고 손상된 원래 부재를 그대로 사용하여 접착 공법과 철물 보강 공법의 동시 사용을 통해 신뢰성 있는 부재 보강이 되며, 내구성이 보증되고, 보강 부재의 강도 성능을 공학적으로 보증할 수 있는 점이다.

20　기본적으로 먼지 및 불순물을 제거하고 에폭시 수지로 표면강화처리를 한 후, 탄소섬유를 부착하고 이후 다시 에폭시 수지를 도포하여 완료하게 된다.

21　이러한 기본원칙에 따라 수리에 앞서 문헌 등 고증자료 조사, 현황 조사 및 실측, 과거에 시행되었던 수리기록 분석 등을 하여 설계도서와 시방서를 작성하게 되며, 착공 후에도 지속적으로 고증자료와 해체에 따른 현황 조사, 필요시 시료 채취 조사 등 절차를 거치면서 신중하게 수리를 진행하게 된다.

22　이외에도 석면과 같이 인체에 유해한 재료 등에 대해 문화재 수리 시 인체에 무해한 재료로 대체할 수밖에 없는 현실적 한계를 반영하게 된다.

23　본명은 Charles-Edouard Jeanneret. 1887~1965. 스위스 출신의 프랑스 건축가. 대표작으로 Villa Savoye, Unité d'Habitation, Chapelle Notré Dame du Haut(Ronchamp chapel) 등이 있다.

24　필자가 2008년 5월 30일 르꼬르뷔제 재단을 방문하였을 때 책임자인 미쉘 훼샤, 여성 건축가인 베네딕뜨 간디니, 그리고 한국인으로서 갸르띄에 사무실에서 근무 중인 박나래 등의 안내와 설명을 받아 르꼬르뷔제 재단의 활동 등을 구체적으로 들을 수 있었는데, 르꼬르뷔제도 자신의 아파트에 살면서 스스로 계속 바꾸어 갔기에 원형을 어디로 할 것인가 하는 것에 대하여 역사적으로 가치가 있는 것은 모두 원형으로 인정하고 있으며, 이는 전문가들이 상황을 종합 분석하여 결정하는 사항으로 하고 있음을 알 수 있었다.

023  보수 중인 수원 팔달문

## 건축 문화재 분야에서
## 보수와 수리 용어의 차이점

고택, 왕궁, 서원, 사찰 등 건조물 문화재는 세월이 지남에 따라 노후화 되면서 내력이 약화되는 외에도 비·바람 등 자연적 요인과 화재·전란 등 인위적 요인에 의해 손상이 진행되므로, 그 가치와 진정성이 유지되도록 고치게 된다.

이처럼 건조물 문화재의 구조적 안전성 등을 확보하여 원형을 보존하기 위해 퇴락된 부분을 보강하거나 교체하여 고치는 행위에 대하여 우리나라 문화재청에서는 "보수"라는 용어를 오래 전부터 써왔다. 이러한 배경에 따라 「문화재수리 등에 관한 법률」[1]을 제정할 때 "수리"는 "보수" 외에도 "복원", "정비", "손상 방지를 위한 조치"까지 포함하는 포괄적 의미를 지닌 용어로 정의하였으며[2], 또한 "보수·복원"이라는 용어가 사용되어 왔다.[3] 당연히 "수리·복원"이라는 용어는 쓰이지 않으며, 법률적으로 수리는 복원을 포함하므로 의미상으로도 타당하지 않다.

이에 대하여 일본 문화청에서는 우리나라의 "보수"에 해당하는 용어로 "수리"를 사용한다. 이에 따라 "수리·복원"이란 용어가 사용되어 왔다. "보수·복원"이라는

용어는 쓰이지 않는다.[4]

오늘날 한국과 일본 두 나라의 문화재 분야에서 그 의미가 다르게 사용되고 있는 "보수"와 "수리" 용어는 결코 무시할 수 없는 중요성을 갖고 있으며, 이에 대한 올바른 이해가 필요하다.[5]

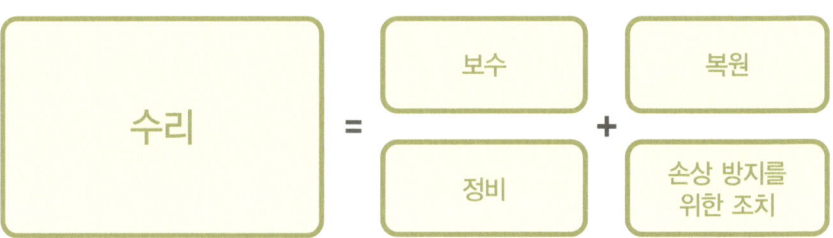

024　보수 중인 수원 팔달문 모습

025　보수 중인 남한산성 제2남옹성 전경

# 주석

\* 이 글은 필자가 2013년도 당시 "한국의 문화유산 보존을 위한 이코모스-코리아 헌장(안)" 작성 검토에 관여하면서 서신으로 밝혔던 사항 중 보수 및 수리 용어에 관련된 사항만을 정리한 것임

1  이 법률은 2010년 2월 4일 제정되어 2011년 2월 5일부터 시행되었다.

2 「문화재수리 등에 관한 법률」 제2조(정의) 이 법에서 사용하는 용어의 뜻은 다음과 같다.
   1. 문화재수리란 다음 각 목의 어느 하나에 해당하는 것의 보수·복원·정비 및 손상 방지를 위한 조치를 말한다.
      가. 「문화재보호법」 제2조제2항에 따른 지정문화재(무형문화재는 제외한다. 이하 같다)
      나. 「문화재보호법」 제32조에 따른 가지정문화재
      다. 지정문화재(가지정문화재를 포함한다)와 함께 전통문화를 구현·형성하고 있는 주위의 시설물 또는 조경으로서 대통령령으로 정하는 것

3 「문화재수리 등에 관한 법률 해설」(도중필, 민속원, 2011, p.85)에 이들 용어는 다음과 같이 정의되고 있다.
   • 보수(補修) : 자연적으로 마모되었거나 또는 인위적으로 훼손된 것을 부재를 바꾸거나 보강하여 원상태로 고치는 행위
   • 복원(復原) : 없어졌거나 훼손 및 변형된 부문을 고증을 통하여 원래의 모습대로 되살리는 행위
   • 정비(整備) : 문화재를 현 상태로 보존하기 위하여 정리정돈하거나 제 기능을 할 수 있도록 필요한 조치를 하는 행위
   • 손상방지(損傷防止) : 문화재를 현 상태로 유지하기 위하여 더 이상 마모되거나 훼손되지 않도록 조치하는 행위

4 우리나라 문화재청과 일본 문화청은 2004년 이래로 매년 건축 문화재 교류 사업을 진행하여 오고 있다. 여기에 2006년부터 관계해온 필자는 일본 문화청 문화재부 건조물담당 무라타켄이찌(村田健一) 과장 등 일본 문화재 관계자로부터 확인하였으며, 建築雜誌 수록 내용[大河直躬 著, 保存の考え方：日本の保存·修理·復原をめぐって(〈特集〉保存·修復·復元のフィロソフィー, 1993] 등 일본 자료를 통해서도 알 수 있다.

5 이는 2013년도 당시 "한국의 문화유산 보존을 위한 이코모스-코리아 헌장(안)" 작성 검토에 관여할 때 우리나라가 쓰고 있는 "보수" 용어를 일본식인 "수리"로 하려는 의견이 있어 이코모스의 박소현 교수에게 필자가 서신(2013.11.4)으로 밝혔던 사항 중 용어에 관련된 사항만을 정리한 것이다. 세계를 대상으로 하여 제정되는 국제헌장과 같은 중요 문건 속에서 우리 용어가 일본 용어로 대체될 수 있는 상황이 자칫하면 대두될 수 있기에 용어에 대한 정확한 이해는 매우 중요하다.

026  창덕궁 부용정 가설울타리의 분진망 설치 사례

## 목조 문화재 수리 시 쓰이는
## 수리용덧집 분진망에 대한 과학적 이해

목조 문화재는 그 뼈대를 이루는 주요 가구가 목재로 이루어지므로, 그 수리 시에는 목재에 대한 이해가 중요하다.

목재는 지하수 속에 잠겨 있거나[1] 빗물·눈 등에 닿더라도 통풍이 원활히 이루어지는 곳에 있어야[2] 부식되지 않고 오랜 기간 양호한 상태가 지속될 수 있다.[3] 또한 새로 반입되는 목재인 경우 급격히 건조되면 갈램이 심해지고 비틀어질 수 있으므로 직사광선을 피하고 강한 바람이 아닌 적당한 바람이 통하도록 하는 것이 필요하다.[4]

이에 따라 목조 문화재 수리 시 비바람이나 눈 등이 들이치는 것을 막고 안정적으로 수리하기 위한 수리용덧집을 설치할 경우에는[5] 그 휘장막으로서 분진망을 두어 바람이 통할 수 있도록 하는 것이 바람직하다. 해체 시에 발생하는 먼지 등 분진이 외부로 퍼지지 않게 하고 통풍으로 건조한 환경을 만들어 목재가 부식되지 않게 하는 목적 외에도 바람이 불 경우 그대로 통하게 하여 풍압으로 인해 수리용덧집이 넘

어지지 않게 하는 역할도 하기 때문이다[6]. 이러한 분진망의 기능을 고려할 때 수리용덧집뿐만 아니라 외부 울타리에도 분진망이 적극 사용될 필요가 있다.

수리용덧집 휘장막을 바람이 통하지 않는 재질로 하여 에워싸는 경우를 가끔 볼 수 있는데, 습기 등에 취약한 목재의 특성 및 풍압에 의한 수리용덧집 전도로 인한 문화재 손상 우려 등을 고려할 때 목조 문화재 수리에는 바람직하지 않음을 알 수 있다.

일본에서도 목조 문화재 수리 시 수리용덧집에 어두운 회색의 분진망을 공통적으로 사용한 것을 볼 수 있으며, 이는 먼지가 많이 발생할 수밖에 없는 현장 관리 측면도 고려하고 있는 것으로 보인다.

덧붙여 일제 강점기에 건립된 일식 가옥 등은 기둥이나 보 등 주요 부재가 매우 세장할 뿐만 아니라, 기단도 매우 낮거나 아예 두지 않고 배수로를 설치하여 빗물 등을 처리하는 것이 일반적이어서, 습기에 의한 목재의 손상 가능성이 더욱 높다.

따라서 목조 문화재 수리 과정에서 습기와 강풍 등에 의한 손상 가능성을 최소화할 수 있도록 분진망의 필요성을 이해하고 가설울타리와 수리용덧집 등에 적극적으로 사용하는 것이 중요하다.

027 수원 팔달문 가설울타리 안쪽의 수리용덧집과 분진망 전경(경관을 고려하여 분진망에 팔달문 모습을 실사하여 넣음)

028 키요미즈데라 아사쿠라도(清水寺 朝倉堂) 수리용덧집 바깥으로 두른 분진망

029 키요미즈데라 오쿠노인(清水寺 奥の院) 수리용덧집 분진망

## 주석

1 이러한 목재의 특성에 따라 흥인지문 축조 당시 성곽 하부 지반을 견고히 하여 성곽을 쌓기 위해 지하수위 아래로 나무말뚝을 박았던 흔적이 나타나며, 이탈리아의 물의 도시 베네치아의 경우에도 나무 말뚝을 박아 그 위에 건축물을 지은 것이 현재까지 온전히 남아 있는 것을 볼 수 있다.

2 일본 건축물은 기둥, 도리, 보 등 모든 목부재가 세장하며 수시로 태풍이 지나가는 자연 환경에 처해 있지만, 건물 내부에 일종의 고창인 란마(欄間) 등을 두어 실내 통풍이 잘 되도록 하고 건물 외부 기둥 하부에 책(柵)을 설치하여 바람이 잘 통하게 하여 비바람이 친 후 곧바로 마르도록 함으로써, 오랜 기간 양호한 상태를 유지하는 것을 잘 볼 수 있다.

3 목조 문화재의 경우 통풍이 잘 되지 않고 다습한 환경에 놓일 경우 목재의 부식 외에도 청태 등이 발생하기 쉬우므로, 통풍 및 배수 등이 잘 되도록 주변 환경을 제대로 관리하는 것이 매우 중요하다.

4 산림과학원 엄창득 박사는 2014년 4월 24일자 유선 통화를 통해 목재 저목장 계획 시 필요한 사항을 다음과 같이 밝혔는데, 이를 통해 목재의 특성을 잘 알 수 있다.
  – 대경재 길이(7.2m 등)를 고려하여 평면 규모를 설정하며, 빗물과 태양 직사광선을 피하도록 설계해야 함
  – 목재 적재 시 바람이 잘 통하도록 격자로 쌓아야 하며, 이때 바람은 어느 정도 풍속이 필요함. 단, 목재 갈램이 함수율 차이로 발생하므로 갈램의 최소화를 위해 천천히 마르도록 강한 바람은 피해야 함

5 수리용덧집은 수리 대상 문화재에 빗물이 들이치지 않게 충분히 그 크기를 확보하는 것이 필요하다.

6 수원 팔달문 수리 시(2010.6 ~ 2013.5)에는 수리용덧집을 철골조로 만들고, 분진망을 설치하였다. 그런데 2012년 여름에 태풍이 지나갈 당시, 분진망 틈새로 바람이 빠져나가지 않고 풍압이 걸림에 따라 분진망을 풀어 바람이 그대로 빠져나갈 수 있도록 한 바, 태풍과 같은 바람에는 분진망이 안전하지 않음을 알 수 있다.

030　일식 가옥의 특징을 볼 수 있는 김제 신풍동 일본식 가옥 측후면 전경

## 일식 가옥 문화재 수리 시 알아야 할 기본 사항들

 전통이란 시간의 흐름과 함께 형성된 특정 문화권역 속에 내재하는 어떤 질서의 흐름으로서, 사전에서는 이를 "어떤 집단이나 공동체에서, 지난 시대에 이미 이루어져 계통을 이루며 전하여 내려오는 사상·관습·행동 따위의 양식"으로 정의하고 있다. 따라서 전통 건축물은 그것이 속한 문화권역에서 오랜 옛날 성립되어 계통을 이루며 전해 내려오는 건축 양식을 지닌 건축물을 말하며, 이는 풍토, 기후 등 환경적 특성과 역사, 문화 등 인문학적 특성을 담고 있다. 이러한 특성으로 인해 가치와 중요도를 지닌 전통 건축물은 우리나라에서 특별히 문화재로 지정 또는 등록되어 보존된다.
 이러한 건축 문화재는 우리 고유의 전통 건축물이 일반적이고 대다수이지만, 근대 시기 이래로 서양 문물의 도입과 일제의 침탈 등 격동기 시대를 거친 결과 우리 고유의 양식과는 전혀 다른 건축물도 일부나마 지정 또는 등록되어 보존되고 있다. 그 중에는 19세기 말 이래로 일본이 우리나라를 침탈 및 수탈한 역사를 증언하는 사료로서 뼈아픈 역사적 교훈으로 삼기 위한 시대적 증거물로 지정 혹은 등록된 일식 가옥이 있다.

  이 일식 가옥은 근대 시기에 일본이 우리나라를 침탈함으로써 이 땅에 지어졌지만, 일본의 전통 건축물로서 일본의 풍토, 기후, 역사, 문화적 특성을 담고 있다. 따라서 일식 가옥을 대상으로 한 수리는 한국의 전통 건축과는 전혀 다른 일본의 전통 건축에 대한 이해를 필요로 한다. 즉, 일본의 환경적 특성과 건축물에 대한 구조적 특성을 알고 있어야 수리가 제대로 될 수 있다. 이에 일식 가옥 문화재 수리에 대하여 알아야 할 기본 사항을 정리한다.

  일본은 우리나라와 마찬가지로 국토의 2/3이상이 산지로 이루어졌지만, 태풍이 지나가는 길목에 위치하고 지진이 빈발하는 환경 조건으로 인해 빗물과 지진 등을 중요하게 고려할 수밖에 없어 우리나라 가옥과는 상이한 구조적 특성을 갖게 된다.

  우선 일식 가옥은 지면 위에 기단을 두지 않거나 간략하게 구성하고, 건물 주위에 배수로를 설치하여 빗물을 처리하는 경우가 적지 않다.

  지면에는 초석을 두거나 간략하게 만든 기단을 두고, 그 위에 도다이(土臺)라고 하는 수평 목재를 놓고 그 위에 기둥을 세워 건물 벽체 뼈대를 구성하며[1], 기둥과 기둥 사이에 누키(貫)라고 하는 꿸대로 기둥을 관통시켜 기둥을 일체로 엮고 난 후, 창호를 제외한 벽체 부분은 쪼갠 나무나 대나무로 바탕을 만들고 여기에 흙을 맞벽치기 하여 흙벽을 구성한다.[2]

  또한 기둥, 보 등 구조재는 우리나라 전통 건축의 구조재와 비교하여 매우 세장하며, 이에 따라 지붕 구조가 경량화 되어 있다.

  이러한 일식 가옥은 일제 강점기를 거치는 동안 이 땅에 그대로 지어진 후, 오랜 세월 건물 주변으로 흙이 쌓이면서 수평 목재(土臺) 위로 덮여 수평 목재는 물론이고 건물 하부가 흙 속에 묻혀 심하게 부식된 상태로 남게 되는 경우도 볼 수 있다.

  이러한 일식 가옥 문화재는 그 특징을 알지 못하면 외관상으로 퇴적된 지반 아래에 구조재가 묻혀 있음을 알 수가 없다. 또한 암키와와 수키와가 일체화된 일식 기

031  간략한 기단 위 초석과 도다이를 놓고 기둥을 세워 만든 일본의 옛 사사키케(佐々木家) 주택 전경

**032** 배수로를 설치하고 기단 없이 초석과 도다이를 놓고 기둥을 세워 만든 일본의 옛 이오카케(井岡家) 주택 전경

와나 골함석 혹은 억새 등 무겁지 않은 재료로 마감하였을 지붕도 세월이 지나는 동안 문화재로 되기 전 어느 시기에 한식 기와 등 무거운 지붕 재료로 바뀌는 경우도 나타난다. 이 경우 부식된 도다이와 기둥 밑동 및 내력이 약화된 하부 벽체도 문제이지만, 누키로 기둥과 기둥이 일체로 엮이면서 일부 벽체만이 아닌 전체 벽체에 대한 영향도 문제가 된다. 더욱이 세장한 기둥·보 등 구조재는 상부의 무게가 과다할 경우 이를 감당하기 어렵다.

따라서 일식 가옥 문화재 수리 시 설계 단계에서부터 벽체에 접한 지반 아래를 일부 시굴하여 수평 목재(土臺) 하부까지 조사하고, 수리 시 수평 목재 하부가 원래대로 드러나도록 지반을 낮추는 것과 함께 가옥 주변으로 배수로를 두어 배수를 원활히 하는 방안 등이 검토되어야 한다.

특히 기둥·보·도리 등 주요 구조재가 세장한 목재로 되어 있어 바람이 잘 통하는 건조한 환경 속에서 잘 부존될 수 있도록, 주변 환경과 가선덧집 분진망은 물론이고 가옥 환기 시설(고막이 및 처마부 환기구, 고창 등)에 대하여 충분히 검토되어야 한다. 외벽과 실내에 란마(欄間)라고 하는 일종의 고창을 설치하는 등 통풍이 원활히 되도록 하여 목재 부식 요인을 최소화하고 있는 일식 가옥의 특성을 놓쳐서는 곤란하다.

지붕 마감 재료에 대하여도 현존유구 흔적 및 사진 등 고증자료를 통해 원래의 경량 재료로 하거나 혹은 문화재로서의 진정성을 유지하면서 상부 하중에 대한 구조적 보강을 할 수 있는 방안 등이 제대로 검토되어야 한다.

이처럼 일식 가옥 문화재 수리는 그 특성에 대한 정확한 이해를 바탕으로 진행되어야 할 것이다.[3]

033  간략한 기단 위 초석과 도다이를 놓고 기둥을 세워 만든 일본의 니시카와케(西川家) 별저

034  기단 속에 묻혀 부식된 수평 목재를 노출시키고 부식 부분을 보수한 울릉 도동리 일본식 가옥

## 주석

1 일본 전통 건축에서 기둥 하부 구성 방식에는 지면에 구멍을 파고 여기에 기둥 밑동을 넣어 세워 구성하는 것을 포함하여 12가지 방법이 나타나지만(이에 대한 상세한 내용은 김성도, 「사진으로 풀어본 한일전통건축」 증보개정판, 도서출판 고려, 1012, p.77~79 참조), 우리나라에 건립된 일식 가옥은 주로 지면에 간략하게 기단을 만들고 초석 및 도다이를 놓은 후 기둥을 세운 경우가 많은 것을 볼 수 있다.

2 우리나라의 심벽에 해당하는 일본의 벽체 구성 방식은 신카베(眞壁)라고 한다.(상세 내용은 앞의 책, p.170~172 참조) 우리나라의 경우 기둥과 기둥 사이에 가로지른 인방이 기둥을 고정하지만, 기둥을 관통하지는 않는다.

3 일식 가옥은 주거용, 창고용 등 그 용도에 따라 고유한 특징을 갖는다. 또한 지어진 시대와 지역에 따라서도 고유한 특징을 갖는다. 세부적으로 접근해 들어가면 각 가옥마다 고유한 특징을 갖는다. 따라서 각 문화재별로 개별적인 수리용 도서가 필요하며, 해체 수리 시 그 특징들을 놓치지 않도록 관련 분야 전문가들의 자문회의를 거쳐 신중하게 수리하게 된다.

035 여주 고달사지 원종대사탑비 전면. 통풍과 배수가 잘되어 건조하고 햇볕이 잘 드는 환경에 놓여 있어 지의류, 이끼류 등이 보이지 않는다.

## 석조 문화재 수리 시
## 상세한 주변 현황 실측이 필요한 이유

외부 환경에 노출된 석조 문화재는 통풍과 배수가 잘되어 건조하고 햇볕이 잘 드는 환경에 놓여 있어야 잘 보존될 수 있다. 이러한 곳에는 다습한 환경에서 자라는 지의류, 이끼류 등이 자라기 어려운 환경이 되므로 생물학적 요인에 의한 석재 표면 피해를 최소화할 수 있다. 또한 석재 틈새에 고인 수분이 동절기 결빙으로 팽창하면서 발생할 수 있는 석재의 균열, 박리, 박락 등 물리적 요인에 의한 석재 피해를 예방할 수 있다.[1]

따라서 석조 문화재 수리 시에는 그 주변 환경에 대한 이해가 매우 중요하다. 석조 문화재 가까운 곳에 수목이 울창하여 바람이 제대로 통하지 않거나, 석조 문화재에 접한 지면에까지 잔디를 깔아[2] 그 머금은 수분으로 인해 잔디에 접한 부분이 충분히 건조하지 못하거나, 석조 문화재 주변 지반 경사를 충분히 고려하지 않아 빗물 등이 원활히 배수되지 않거나 하면, 그 보존에 나쁜 영향을 미치게 되기 때문이다.

이러한 주변 환경을 최대한 파악하기 위해서 석조 문화재 수리 시에는 전체 현황 배치도 및 대지 종·횡단면도 등 상세한 주변 현황 실측도를 작성하는 것이 매우 중요하다. 이를 통해 석조 문화재 보존에 큰 영향을 미치는 채광·통풍·배수 등의 양호 여부가 파악될 수 있기 때문이다.

이에 따라 주변 현황 실측도에는 채광과 통풍 현황을 파악할 수 있도록 석조 문화재에 가장 근접한 수목의 거리와 그 높이, 수종 및 수량 등에 관한 사항은 물론이고 석조 문화재와 이에 인접한 건축·시설물 간의 상호 거리, 방위 등에 관한 사항 등을 조사하여 기록하여야 한다. 또한 배수 현황을 파악할 수 있도록 석조 문화재 주변으로 각 지점별 지반 높이와 경사도, 석조 문화재 주변 배수로 시설 현황, 석조 문화재에 근접하여 습기를 머금는 잔디 식재 현황 등도 기록하여야 하며, 이외에도 주변에 위치하여 습한 환경을 만들 수 있는 개울 등 현황까지도 모두 기록할 필요가 있다.[3]

주변 현황 실측도는 문화재 수리의 기본이 되는 자료로서, 필요한 정보를 제대로 담기 위해서는 문화재에 대한 정확한 이해를 바탕으로 작성하는 것이 중요하다.

036 충주 청룡사지 보각국사탑 앞 사자 석등. 햇볕이 드는 곳에는 보존 상태가 양호하나, 잔디와 접한 밑쪽은 이끼류 등이 서식하는 것을 볼 수 있다.

037 충주 청룡사지 보각국사탑 앞 사자 석등 하부 우측면 및 후면. 햇볕이 들지 않는 후면에 이끼류 등이 서식하는 것을 볼 수 있다.

036

037

038 충주 청룡사지 보각국사탑 앞 사자 석등 하부 후면. 바람이 통하기 힘들고 햇볕이 들지 않는 후면에 이끼류 등이 서식하는 것을 볼 수 있다.

039 충주 청룡사지 석종형부도. 지대석 주변에 잔디가 없어 통풍과 배수가 잘되어 건조하고 햇볕이 잘 드는 환경에 놓여 있어 지의류, 이끼류 등이 보이지 않는다.

038

039

# 주석

1 「현장에서 만난 문화재이야기 2」 (문화재청, 2012.12, pp.67~74)의 "석조문화재 예방적 보존관리 방안"에는 석조 문화재의 손상 원인에 대한 개괄적 내용이 정리되어 있다.

2 잔디는 토사가 빗물 등에 씻겨나가는 것을 방지하는 역할 등을 하므로 경사면에 식재하는 경우가 많다.

3 주변 현황 실측도는 보수를 위한 기초 자료 목적 외에도 자연·인문·역사 환경 등을 분석하기 위한 기초 자료로서 역할을 할 수 있도록 석조 문화재 주변의 건축물 현황, 식생 및 연지 등 조경 현황 등 주변 배치 특성 파악을 하기 위한 실측도 중요하다. 실측은 이러한 주변 현황의 종합 분석을 위한 실측과 더불어 당해 문화재 실측 등이 시행되어야만 보다 정확한 석조 문화재 보수 방법 등을 판단하는 자료가 될 수 있다.

040　강화 외성 전경

## 강화 외성 토층의
## 강회 사용 여부 확인 방법

영조 때 석축성에서 전축성으로 개축된 강화 외성[1]은 오랜 세월을 지나면서 풍화 등 손상이 심해져 2013년 6월부터 일부 구간에 대하여 보수에 들어갔다.

토층에 석재를 쌓고, 그 위로 전돌을 쌓아 구성하고 있는 이 성의 축성 구조를 정확하게 파악하여 원형대로 보수하기 위해 일부 구간에 대한 트렌치 조사를 시행하고 기술지도를 할 때[2] 현장의 토층에서 석회[3] 덩이가 나왔다. 이를 보고 토층에 강회($CaO$)[4]를 섞어 사용한 것이 아닌가 하는 수리업체 측에서의 의견이 개진되었고, 즉시 현장에서 토층에 강회 사용 유무를 파악하기 위해 묽은 염산(15% 희석 용액)을 토층에 떨어뜨려 보았다. 만약 토층에 강회가 쓰였다면 석회 성분이 남게 되므로 이로 인해 거품이 발생하게 되며, 강회가 쓰이지 않았다면 거품이 발생하지 않게 된다.

묽은 염산으로 확인한 결과 어떠한 거품 발생도 없었고, 따라서 토층에 강회가 쓰이지 않았음을 알 수 있었으며, 토층에서 나온 석회 덩이는 전돌을 쌓을 때 사용된 모르타르의 일부가 토층에 남겨진 것으로 파악되었다.

현장에서 강회 사용 여부 파악은 때로 매우 중요하며, 이는 앞서 언급한 것처럼 간단한 실험으로 파악할 수 있는데, 그 원리는 다음과 같다.

$$CaCO_3 + 2HCl \Rightarrow CaCl_2 + H_2O + CO_2$$

즉, 탄산칼슘으로 이루어진 석회에 염산이 닿게 되면 염화칼슘과 물 및 이산화탄소가 발생하고 이와 동시에 이산화탄소가 증발하면서 거품이 발생되는 원리이다.

그런데 묽은 염산이라 할지라도 피부에 직접 닿으면 위험하므로, 주의가 필요하다.

041 강화 외성 트렌지 조사 때 나온 전돌 및 석회

042  강화 외성 안측의 판축 다짐층에 강회 사용 여부 확인(15% 희석 염산 사용)

043  희석 염산이 닿아 거품 발생 중인 석회 덩이

1 인천 강화군 선원면, 불은면, 길상면 일원에 위치한 강화 외성(사적 제452호)은 고려 고종이 1232년 몽고의 침입으로 강화도로 천도한 후 고종 20년(1233)에 해안 방어 목적으로 적북돈대에서 초지진까지 23km에 걸쳐 축조된 성. 조선 시대에도 비상 시 국왕의 피난처인 도성의 외성으로 계속 수리되어 왔는데, 병자호란(1636) 때 허물어진 외성을 숙종 때 재차 석재로 쌓아 석성으로 만듦. 그런데 비가 오면 성의 흙이 흘러 무너져 내림에 따라 강화 유수 김시혁이 나라에 건의하여 영조 18년(1742)~영조20년(1744)에 전돌을 이용하여 쌓아 전축성으로 개축하였고, 이는 오두돈 주변(남측)에 잔존하고 있어 전축성 연구에 귀중한 자료가 되고 있음. 2001년 동양고고학연구소에서 실시한 오두돈 주변의 전축성 구간에 대한 지표조사 결과에 의하면, 뻘층을 기초로 석재를 올리고 그 위에 대형 석재로 석벽의 중심을 삼고 그 위에 석재를 올리고 다시 전돌을 여러 단 쌓았음을 확인함

> 강화 외성 수리 개요
> - 보수기간 : 2013. 6. 26 ~ 2014. 1. 21(문화재청 기술지도 받아 시행)
> - 보수내용 : 성곽 정비(L=15.9M)
> - 사업비 : 200,000천원(국비 140,000천원, 지방비 60,000천원)
> - 도급자 : 비 건설 / 설계자 : 여유당 건축사사무소

2 국가지정문화재 수리는 일반적으로 지방자치단체에 예산을 지원하여 문화재 수리를 하는 국고보조사업으로 시행되며, 이때 문화재의 중요도와 수리 범위·규모 등에 따라 기술지도사업, 설계검토사업, 지방자치단체 위임사업으로 구분하여 시행된다. 강화 외성은 문화재청 수리기술과의 기술지도를 받아 보수하는 기술지도사업이고, 이 시기 필자는 수리기술과에서 서울·경기·인천·대전·충남·충북 지역의 문화재 기술지도를 총괄하였으므로, 2013년 7월 5일 이상필·박기화·심광주 기술지도위원 3인과 함께 강화 외성 현장 기술지도에 참석하였다.

3 탄산칼슘. 이외에도 석회암을 태워 이산화탄소를 제거하여 얻는 산화 칼슘($CaO$)과 산화 칼슘에 물을 부어 얻는 수산화 칼슘($Ca(OH)_2$)을 통틀어 이르는 말

4 생석회. 자연산 석회암($CaCO_3$)을 900~1300℃로 가소하여 열분해에 의해 생기는 흰색 고체나 가루의 염기성 산화물인 산화 칼슘($CaO$). 물을 가하면 급격하게 반응하여 높은 열을 내면서 소석회(수산화 칼슘 $Ca(OH)_2$)가 됨.(장기인, 「한국건축사전」, 보성각, 1995 및 「표준국어대사전」 참조)

여기에 마사(풍화토) 등을 혼합하여 사용하며, 시간이 지나면서 물은 증발하여 단단하게 응고됨. 이후 공기 중의 이산화탄소와 반응하여 원래의 석회암($CaCO_3$)으로 바뀌게 됨.

$$CaO + H_2O \rightarrow Ca(OH)_2 \quad \blacktriangleright\blacktriangleright\blacktriangleright \quad Ca(OH)_2 + CO_2 \rightarrow CaCO_3 + H_2O$$

**석회암으로의 변화과정**

044 방충 작업 중인 강릉문묘대성전 전경

## 목조 문화재에 대한 방충 일반 상식

목조 문화재를 온전히 보존하기 위해서는 해충(흰개미, 권연벌레, 넓적나무좀벌레, 부후균 등) 피해로부터 예방하고, 피해 발생 시 피해 요인에 따라 적절한 방충 처리 방법을 사용하는 것이 매우 중요하다. 이에 우리나라 목조 문화재에 대한 방충 처리 방법과 유의 사항 및 일본에서의 흰개미 예방 대책 등 기본적인 방충 상식을 정리하였다.

우선, 우리나라 목조 문화재 보존을 위한 방충 처리 방법에는 훈증소독, 방충방부 처리, 토양처리, 군체제거시스템 등 4가지가 있으며, 이는 구체적으로 다음과 같다.

### 훈증소독
목재 속이나 표면에서 피해를 입히는 충류(흰개미, 권연벌레, 넓적나무좀벌레 등)를 방제하기 위하여 처리 대상 전체를 피복하고 그 속에 살충약제를 투입하여 소독하는 방법이다.

### 방충방부처리
습기 및 충균에 의한 목조문화재의 피해(부후균 등)를 예방하거나 방제하기 위하여 목재 표면에 방충방부 약제를 도포 또는 도료하는 방법이다.

### 토양처리
수림 등 주변에서 건물로 유입되는 흰개미를 차단하기 위해 건물 주변의 토양 속에 살충약제를 투입하여 흰개미 차단막을 형성하는 방법이다.

### 군체제거시스템
흰개미의 생태적 특성을 이용한 방제 시스템으로 건물 주변에 군체제거용 약제먹이(Bait)를 설치하여, 먹이를 섭식한 흰개미 및 먹이를 나눠먹은 흰개미까지 성충으로의 성장을 억제하고 흰개미 성충 중 특히 일개미를 부족하게 함으로써 흰개미 군체의 영양공급이 불균형하게 되어 군체 자체를 제거하는 방법이다.

이러한 방충 처리를 시행할 때에는 안전 사고 예방을 위한 철저한 관리 감독이 필요하며, 그 유의 사항은 다음과 같다.

- 방충처리는 감독관이나 관리자(소유자)의 입회 하에 실시하여야 하며, 방충 처리로 인하여 오손 또는 훼손될 가능성이 있는 부분은 사전 보호 조치 후 시공한다.

- 특히 훈증소독 사용 약제가 유독성 가스일 경우, 처리 대상에 대한 피복을 철저히 하여 훈증약제의 유출이 없도록 하고, 훈증으로 인해 오염될 우려가 있는 물건은 훈증소독 전에 보양 또는 임시 반출을 철저히 한다.
- 훈증 대상 외부에는 경고문, 출입 금지 시설 등을 설치하여 훈증 대상 내부로 사람·동물의 접근을 절대 통제하는 등 안전 사고 예방을 위해 철저히 관리·감독하도록 한다.

• 방충처리 후 보호 조치물은 완전 제거하고 정리정돈을 철저히 이행한다.

• 방충처리 대상의 관리자·소유자 등에게 이 사업의 목적·효과 등을 충분히 설명한다.

• 방충처리는 「문화재수리 등에 관한 법률」에 의거, 문화재수리업자로 등록된 시공업체를 선정한다.

• 방충처리 완료 후 처리 대상에 대하여 지속적인 모니터링을 실시하고 방충처리로 인한 특이사항 발생 시 문화재청에 즉시 현황을 보고한다.[1]


일본에서도 목조 문화재에 대하여 흰개미 예방 대책을 마련하여 시행하고 있는데, 이와 관련된 내용을 정리하면 다음과 같다.[2]

• 일본에서는 흰개미 예방 대책으로 20년 정도 전까지 땅 속에 유리섬유 시트를 깔아 개미가 땅 속으로부터 올라오지 않도록 하는 대책을 취하였으나, 최근에는 사용하지 않고 있으며, 현재 사용하는 방법은 다음과 같다.

- 토양에 약제를 투입하는 방법을 많이 사용한다. 다만, 약제가 다른 생물과 식물에 주는 영향 때문에 근래에는 독성이 약한 것을 사용하고 있으며, 이로 인해 흰개미에 대한 효과가 줄어들었다.

- 근래에는 '베이트공법(Bait工法)'이라 하는 군체제거시스템을 사용하기도 한다. 이는 건물 주변에 군체제거용 약제먹이(Bait)를 설치하여, 흰개미가 이를 소굴로 갖고 갈 경우, 그곳의 흰개미 모두를 전멸시켜 군체 자체를 제거하는 방법이다.

• 흰개미 예방 대책으로 목재 기둥 하단부에 철판 등을 두르거나 하는 시공 방법은[3] 사용하지 않으며, 흰개미는 이동로를 만들어 목재에 기어 올라갈 수 있으므로 효과가 크지 않다. 또한 흰개미 대책으로서 옻칠을 사용하지 않는다. 부재에 옻칠[4]을 하여도 목재 표면에 균열 등이 발생하면 그곳으로 흰개미가 침입하게 된다.

## 주석

1 문화재청 「2007년 국고보조사업 방충사업지침」 및 「2012년 문화재보수정비 국고보조사업 지침」 참조

2 2012년 8월 23일 일본 문화청 문화재부 건조물담당 니시카와에이스케(西川英佑)가 보내온 메일 내용을 정리하였다.

3 일본 건축에서 기둥 하단부에 철판 등을 두르는 것은 끝부분을 둥글게 마무리하는 찌마키(粽) 형식으로 인해 빗물이 기둥 밑으로 스며들 수밖에 없어 부식이 쉽게 발생하는 구조적 취약점으로부터 보호하고 장식도 겸하기 위한 것으로 판단된다.

4 옻칠은 목재의 내구성 유지와 의장 목적 등으로 사용하게 된다.

045　고종28년(1891) 무렵 건립된 백련사 약사전 전경

## 전통건축 양식의
## 중요성

　전통건축[1]에서는 건축물 부재를 해체하여 재사용하는 일이 적지 않았다. 조선 시대의 경우 사찰 건물을 해체하여 서원 등 다른 용도의 건물로 짓는 경우가 많았다.[2] 궁궐 건축에서도 이는 다르지 않다.[3] 이러한 건축물에서는 목재 연륜연대를 측정하여 건립 시기를 판단할 경우 전혀 다른 결과가 나오게 된다. 연륜연대 측정값은 건축물 건립 시기가 아닌 나무 벌채 시기만을 알려주기 때문이다. 따라서 상량문과 같은 구체적 기록이 전하지 않는 경우 건축물 건립 시기 판단에는 종합적인 건축 양식 특성 분석이 매우 중요하다.

　관련하여 기단이나 초석의 경우 당대의 미감과 기법 등을 반영하여 제작되는 바, 삼국 시대에는 정형화된 다듬돌을 사용하였고, 조선 시대에는 다듬돌 외에도 막돌을 빈번히 사용하였으며, 건축물 전체가 새롭게 축조된 경우에 이러한 시대적 특성이 잘 반영되어 있다. 그런데 석재의 특성상 오랜 기간이 경과하여도 변하지 않고 상부 구조물이 소실되어도 그대로 남아 재활용이 가능하기에 오래 전에 만들어진 기단과 초석을 그대로 활용하여 후대에 건축물을 만드는 경우가 적지 않다. 이 경우 상량문이 없다면 건립 시기를 알기 위해서는 건축물 상부의 공포 양식, 지붕틀 기법, 지붕 장식 부재의 형태 등을 종합적으로 분석하는 것이 필수적이다.

조선 말기 건립된 건축물의 경우 신속히 지을 수 있는 건식기법 발전에 따라 사찰 전각 등의 측후면 벽체는 대개 판벽으로 구성하였고, 공포부의 포벽 또는 화반벽도 장판재로 구성하였으며, 이 장판재에 첨차나 화반의 모습 등을 양각하여 단청하거나 양각 없이 단청만으로 표현하였다. 또 실학사상의 발전과 광작 농업의 발달 등 사회 경제적 변화 속에서 공포는 앙서 윗면에 연꽃을 조각하고 수서 아랫면에 연봉을 조각하여 더욱 화려하게 만들었고, 지붕은 취두·용두 등 당대의 고유한 미감을 담은 장식 기와로 화려하게 꾸몄다. 이들 건축 양식 특징의 분석을 통해 건립 시기를 쉽게 파악할 수 있다.

046 백련사 약사전 우측면 판벽

047 백련사 약사전 전면좌측 공포(앙서 위 연꽃, 수서 밑 연봉)

048 백련사 약사전 전면좌측 협간 안쪽의 기둥 상부 평방 위 장판재로 구성된 화반벽 (장판재에 화반 형태를 단청만으로 표현)

1  전통건축은 기단, 초석, 기둥, 창호, 벽체, 공포, 지붕 등으로 구성된다. 이들 구성 요소는 건축 입면을 이루는 주요 요소로서 건립 당시의 미감과 기법 및 경제력 등을 반영하여 시대에 따라 고유한 양식으로 이루어지므로, 그 특성 분석을 통해 건축물의 건립 시기는 물론이고 건립 당시의 시대적 상황 등을 살펴볼 수 있다.

2  조선왕조실록 태조 2년(1393) 3월 1일자 기사에서 야광사(野光寺)를 훼철하여 관사(官舍)를 고치는데 사용한 것을 볼 수 있고, 성종 3년(1472) 2월 6일자 기사에서 월봉사(月鳳寺)를 훼철하여 관사(官舍)를 고치는데 사용한 것을 볼 수 있다. 조선 시대에 사찰을 훼철하여 유교적 기반 시설 및 관청 시설로 삼은 사례에 대하여는 이수환, 「조선 전기 국가의 사원정책과 사원의 유교적 기반으로의 전환」, 대구 사학 제79집, 2005. p73~74 참조

3  인경궁을 헐어 1647년 창덕궁 선정전을 건립한 바 있으며, 강녕전을 해체하여 1920년 희정당을 건립한 사례 등 다수의 사례가 나타난다.

제 2 부

건축 문화재 현장 이야기

049　파주 혜음원지(사적 제464호) 행궁지 기단 및 석축

## 파주 혜음원지에 간직된
## 옛 초석 구성 방식

파주 혜음원지는 고려 시대에 지어진 행궁 기능을 갖춘 국립 숙박 시설로서, 기둥 하부 초석 구성에서 독특한 옛 유형의 한 방식을 보여주고 있어 주목된다.

일반적으로 한국 전통 건축에서 기둥 하부 구성 방식에는 두 가지가 있다. 첫 번째는 기단 위에 초석을 얹고 그 위에 기둥을 세우는 것으로서, 가장 일반적인 형태이다. 두 번째는 기단 위에 초석을 얹고 그 위에 목재를 가로로 짜서 귀틀을 만든 후 여기에 기둥을 세우는 것으로서, 안동 소호헌(경북 안동시 소재), 장수향교 명륜당(전북 장수군 소재), 전주 풍패지관 서익헌(전북 전주시 소재) 등에서 볼 수 있다.

그런데 파주 혜음원지에서는 기단 위에 초석을 두고 그 위에 기둥을 받치는 석재를 얹은 후 기둥을 세우는 또 다른 방식을 보여주고 있다. 이는 지금은 잊혀졌으나, 오래 전에 사용되었던 기둥 하부 초석 구성의 한 방식을 잘 보여주고 있다.

이러한 파주 혜음원지의 기둥 하부 구성 방식은 엔가쿠지 쵸쿠시몬(圓覺寺 勅使門)·즈이쇼오지 다이유우호오덴(瑞聖寺 大雄寶殿)·아사쿠사진쟈 하이덴(淺草神社

050　기단 위 초석을 두고 초반을 놓아 기둥을 받는 방식으로 구성된 혜음원지

051　기단 위 초석을 두고 기둥을 받는 방식으로 구성된 창덕궁 소요정

052　기단 위 초석을 두고 귀틀을 놓아 기둥을 받는 방식으로 구성된 전주 풍패지관 서익헌

**053** 기단 위 초석을 두고 석재 초반을 놓아 기둥을 받는 방식으로 구성된 일본의 즈이쇼오지 다이유우호오덴(瑞聖寺 大雄寶殿)

**054** 기단 위 초석을 두고 목재 초반을 놓아 기둥을 받는 방식으로 구성된 일본의 코쿠분지 로오몬(國分寺 樓門)

拜殿) 등 일본 내 사찰이나 진쟈 등의 고급 전통 건축물에서 쉽게 볼 수 있는데, 초석 위에 초반(礎盤)을 얹고 그 위에 기둥을 세우고 있으며, 이 때 일본에서의 초반 구성은 석재 또는 목재로 이루어지고 있다[2]. 원래 땅에 구멍을 파고 여기에 기둥 밑동을 넣어 세우는 원시적 방식으로 건축물을 짓던 일본은 6세기에 이르러 백제로부터 불교와 함께 고급 건축술이 전해지면서 기단과 초석 등이 비로소 등장하게 되었던 역사적 사실이 있다. 이를 통해 옛 초석 구성 방식의 상관성을 추론해볼 수 있다.

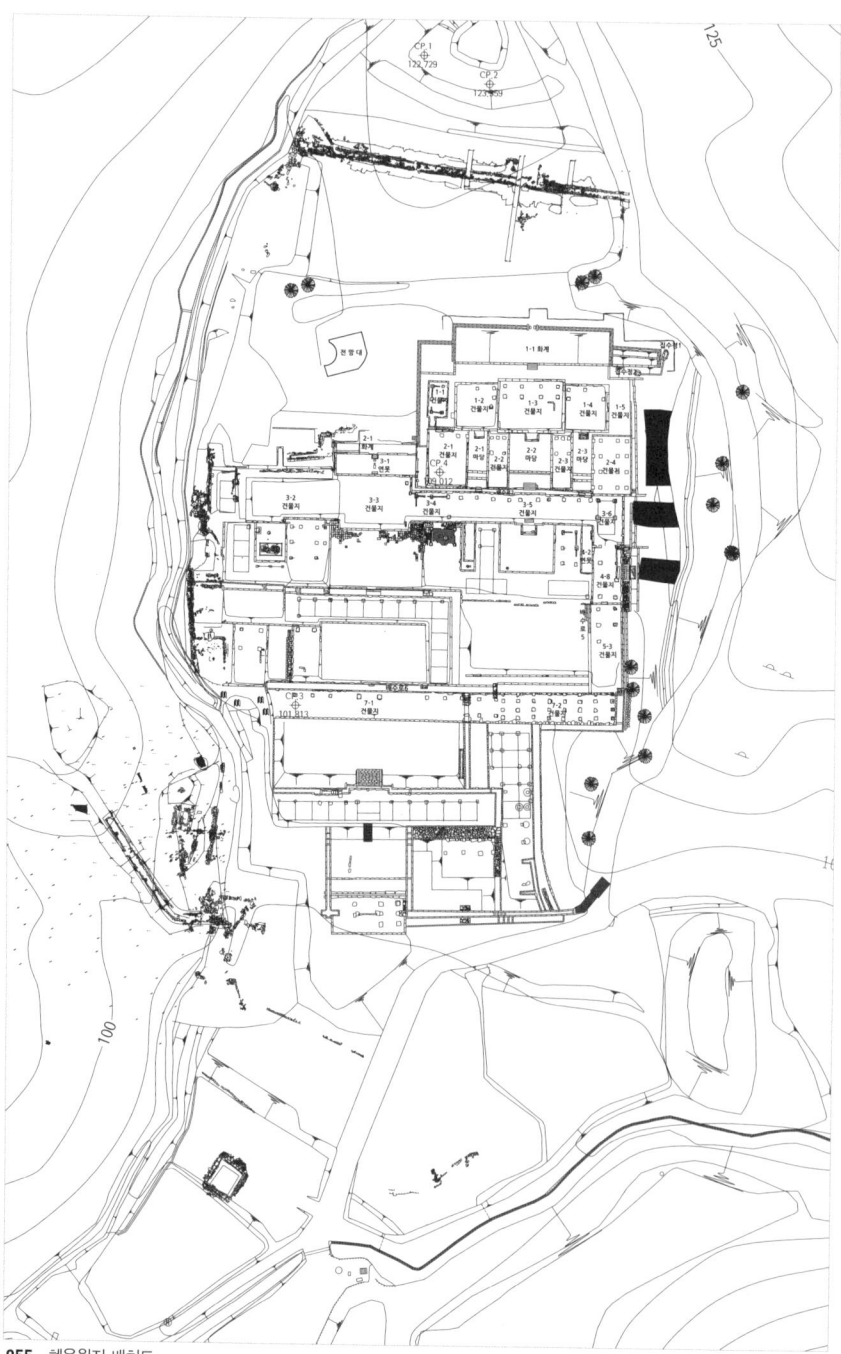

**055** 혜음원지 배치도

주석

1 경기도 파주시 광탄면 용미리 234-1번지에 위치한 파주 혜음원지(사적 제464호)는 남경과 개성 간을 오가는 이들의 안전과 편의를 위하여 고려 예종 17년(1122)에 건립된 국립 숙박 시설로, 국왕 행차에 대비한 별원(別院)도 축조됨. 1999년 주민 제보를 받아 시행한 조사에서 「惠蔭院」이라고 새겨진 암막새가 수습되어 위치 확인함. 이후 지속적으로 발굴 조사를 실시한 결과, 전체 경역은 원지·행궁지·사지로 구성되었으며, 동서 약 104m, 남북 약 106m에 걸쳐 9개의 단(段)으로 이루어진 경사지에 건물지, 연못지, 배수로 등 유구와 금동여래상, 기와류, 자기류, 토기류 등의 많은 유물이 확인됨. 「동문선(東文選)」권 64 기「혜음사신창기(惠蔭寺新創記)」에 혜음원 창건 배경과 그 과정, 창건과 운영의 주체, 왕실과의 관계 등이 기록됨.

2 김성도, 「사진으로 풀어본 한일 전통 건축」, 도서출판 고려, 2009 참조

056 긴 판재를 설치한 후 안쪽 면에 화반을 대고 소로를 끼워 고정한 내목도리 장여 하부 화반벽

## 수원 팔달문 화반벽의
## 건식 공법 소고

정조 18년(1794)에 지어진 수원 팔달문[1]의 화반벽은, 고종 임금 당시 보편화되었던 건식 공법의 실마리를 찾아볼 수 있는 중요 자료의 하나로서, 판재를 사용하여 구성하고 있다.

그 구성 방식을 구체적으로 보면, 2층 기둥 하부 멍에창방(중층 건물에서 아랫층 서까래 상단을 받는 이층 기둥에 건너지른 가로재)의 아래쪽에 구성된 화반벽은 화반과 화반 사이에 판재를 끼워 구성하고 있으며, 지붕부 내목도리를 받치는 장여 하부에 구성된 화반벽은 긴 판재를 설치한 후 그 안쪽 면에 화반을 대고 소로를 끼워 고정하고 있다. 이처럼 2층에 구성된 화반벽은 판재를 적극 사용하고 있으며, 참고로 외2출목 내3출목 다포 양식인 이 건물에서 공포와 공포 사이의 포벽은 군사용 시설로서의 기능에 맞게 그대로 빈 공간으로 두어 별도로 만들지 않았다.

한편 이에 앞서 정조 14년(1790) 건립된 용주사 대웅보전의 포벽은 귓기둥 상부에는 긴 판재를 사용하여 여기에 양각과 단청으로 첨차를 표현하여 만들었고, 그 이

057 긴 판재를 설치한 후 안쪽 면에 화반을 대고 소로를 끼워 고정한 내목도리 장여 하부 화반벽

058 화반과 화반 사이에 판재를 끼워 구성한 하부 멍에창방의 아래쪽 화반벽

059 판재를 끼울 수 있게 제작된 화반 상세

060 상층부 화반벽 구성 모습(빈공간으로 둔 곳과 판재로 구성한 곳 보임)

**061** 긴 판재 안쪽 면에 화반을 대고 소로를 끼워 고정한 화반벽 및 빈 공간으로 이루어진 포벽 모습
( ● 빈 공간으로 둔 포벽, ○ 화반, ● 화반벽)

외 부분에는 기존 방식대로 습식 공법의 흙벽을 바탕으로 한 포벽을 설치하고 있어, 두 방식이 공존하는 과도기적 구성을 하고 있다.

조선 후기 실학사상의 발전 속에 기술면의 개혁 문제에 관심을 갖게 되면서, 수원 팔달문의 화반벽과 수원 용주사 대웅보전의 포벽 등에 기술적 혁신이 바탕이 된 건

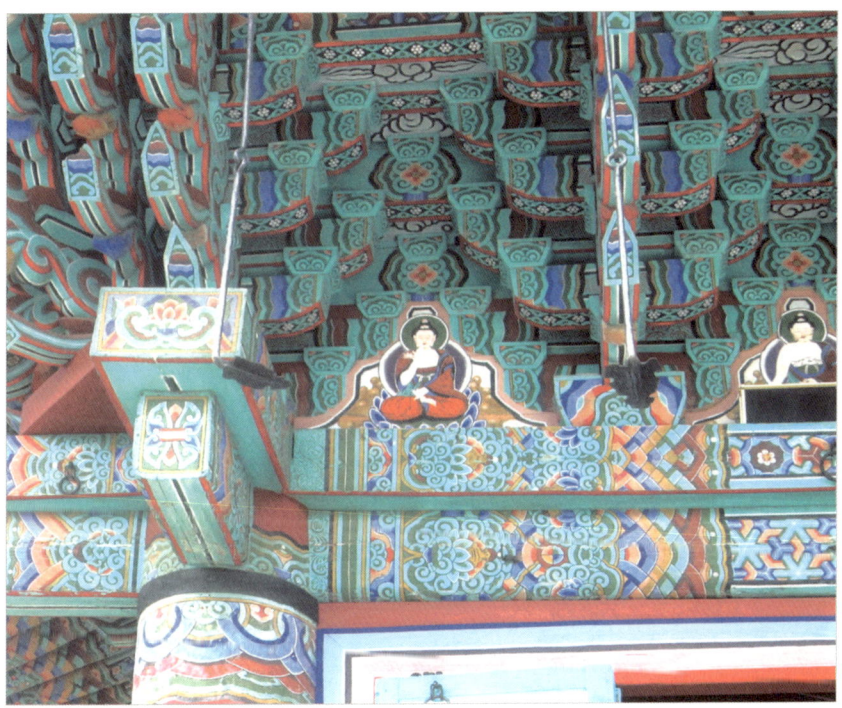

**062** 판재와 포벽이 공존하는 용주사 대웅보전 포벽

축 방식이 적용된 이래, 고종 연간에 이르면 건축물을 신속히 지을 수 있는 건식공법(乾式工法)이 매우 발전하여, 전통 건축물의 화반벽과 포벽은 기존의 흙벽을 바탕으로 한 방식보다는 긴 판재를 사용한 방식으로 이루어졌다. 그리고 이 판재에는 첨차나 화반의 모습 등을 양각하여 단청하거나, 양각 없이 단청만으로 표현하였으

87

며, 이는 안국동별궁(1880), 서울 화계사 대웅전(1870), 남양주 흥국사 영산전(1892) 등에서 잘 볼 수 있다. 물론 건축물 벽체도 흙벽보다는 판재를 사용한 판벽으로 구성되었는데, 이는 사찰 전각에서 잘 볼 수 있다.[2]

**063** 팔달문의 빈공간으로 둔 포벽 및 현판 상량 기록

1 팔달문(보물 제402호)은 정조 임금 주도로 18세기 실학 정신과 과학 기술을 집약하여 한국 전통 축성 기법에 외국의 축성 기법 장점 등을 도입해 만든 수원 화성의 남문으로서 화성성역의궤에 기록된 팔달문 상량문 내용을 통해 정조 18년(1794) 8월 25일에 상량하였음을 알 수 있다. 관련하여 이번 해체 보수 공사에서 팔달문 종도리를 받치는 장여의 윗면에 상량문 보관을 위해 판 홈이 남아 있어 당초 작성한 상량문이 여기에 있었음을 파악할 수 있지만, 실물은 나타나지 않았으며, 격동기를 거치는 가운데 사라진 것으로 보인다.

> **팔달문 수리 개요**
> - 보수기간 : 2010. 6. 25 ~ 2013. 3. 29 (문화재청 기술지도 받아 시행)
> - 보수내용 : 팔달문 문루(1층 평방 이상) 해체 보수 및 보존처리
> - 사 업 비 : 4,710백만원
> - 도 급 자 : (주)계림종합건설 · (주)건양 / 감리자 : (주)삼풍엔지니어링건축사사무소

2 이에 대한 상세한 내용은 김석도, 「조선시대말과 20세기 전반기의 사찰 건축 특성에 관한 연구 – 서울 · 경기 일원의 佛殿을 중심으로」, 고려대학교 박사학위논문, 1999. 8 참조

064　이축되기 전의 풍문여고 내 정화당(좌측)과 경연당·현광루(우측) 전경(1944년 전후의 해체 전 모습)

# 안국동별궁
## 조사 후기

## 1. 머리말

안국동별궁은 현재의 풍문여자고등학교가 위치한 곳에 고종17년(1880) 건립된 별궁으로, 이 별궁 건축물의 일부가 한양컨트리클럽 대지 안에서 발견되었다는 YTN의 보도(2006.2.1)가 있은 직후인 2월 2일과 3일, 필자는 현지 조사를 맡아[1] 풍문여고를 포함하여 별궁 건축의 일부가 이전되어 현존하고 있는 한양컨트리클럽과 메리츠화재 연수원 현장에 들렀다.

이 글에서는 안국동별궁 조사를 맡아 분석하면서 파악할 수 있었던 내용(명칭에 대한 사항, 건립 과정과 매각 및 이축 과정, 그리고 건축 특성 등)을 정리하였으며, 이로부터 향후 별궁 건축 연구를 위한 기초 학술 자료로서의 역할을 기대한다.

## 2. 명칭 고찰

이 별궁은 「고종실록」과 「승정원일기」, 「일성록」, 「정치일기(政治日記)」, 「공차일록(公車日錄)」, 「청우일록(靑又日錄)」 등에 기록되어 있으며, "별궁" 혹은 당시 지명을 붙인 "안국동별궁"[2]이라는 명칭이 사용된 것을 볼 수 있다.

한편 황성신문[3], 매일신보[4] 등 신문과 별건곤[5]이라는 잡지에는 안동별궁으로 기록되어 있으며, 「서울六百年史」에서는 별궁이 위치한 곳이 안국방(安國坊) 소안동(小安洞)이었기에 안동별궁으로 호칭되었던 것임을 밝히고 있다. 그런데 1894년 갑오개혁 때 행정 구역 개편에 따라 소안동이라는 지명이 등장하였고, 이후 1899년 9월 1일자 황성신문에서 안동별궁이라는 용어가 사용된 것을 볼 때, 조선 말기의 갑오개혁을 계기로 안동별궁[6]이란 용어가 등장하여, 안국동별궁[7]이라는 용어와 함께 사용된 것을 알 수 있다.

이처럼 속해 있는 지역의 이름을 붙여 안국동별궁 혹은 안동별궁으로도 불리던 이곳은, 일제 강점기를 거치는 동안 1936년 시행된 동명(洞名) 개정으로 안국동이 안국정(安國町)이라는 지명으로 바뀜에 따라[8], 안동별궁이란 명칭으로 굳어진 것으로 보인다.[9]

그런데 앞서 살펴보았듯이, 이 별궁은 당시 지명을 따라 관찬 사서에서 안국동별궁으로 기록되고 있고, 현재에도 안국동 지역에 속하고 있으며, 이외에도 현재 풍문여고 본관 앞 표지석 등에 안동별궁의 안동(安洞)이란 명칭이 安東으로 잘못 기록되어 있는 용어 혼동 상황[10] 등을 종합하여 볼 때, 안국동별궁이란 명칭을 사용하는 것이 바람직하다고 판단된다.

## 3. 안국동별궁 건립 및 매각과 이축 과정

이 별궁 건축은 고종 16년(1879) 11월 22일에 공사가 시작되었고, 고종 17년(1880) 9월 21일에 영건에 관여한 이들에게 시상이 이뤄졌다는 기록을 통해, 고종 17년에 건립된 것을 알 수 있는데, 그 건립 과정을 살펴보면 다음과 같다.

우선, 고종 16년(1879) 11월 15일에 고종 임금은 왕명을 내려 별궁을 짓기 위한 터를 알아보도록 하는 한편 영건 담당자들을 임명하였다. 같은 해 11월 19일에 영건소에서는 현 풍문여자고등학교 자리를 택하여 건립을 시작할 길일을 왕에게 상주하여 윤허를 받았고, 이어 11월 22일에 별궁 건립을 시작하였다.

다음 해인 고종17년(1880) 6월에는 경연당(慶衍堂)·현광루(顯光樓)·정화당(正和堂)의 상량문 제술관(製述官)과 서사관(書寫官), 현판의 서사관을 각각 임명하였고, 정상루(定祥樓)의 현판 서사관을 임명하였다. 그리고 3개월 정도 지난 9월 21일에 별궁 영건을 맡은 담당자들에 대한 시상[11]이 있었다.

이 별궁 건립을 추진한 배경을 살펴보면, 1879년 11월 15일에 고종은 "국가에 별궁이 있는 것은 예전부터 그렇거니와, 아직도 겨를이 없었으므로, 장차 영건하려 한다. …중략… 별궁의 영건을 앞으로 한두 해 걸리면 세자의 가례가 그 때에 맞을 듯하나.…"[12]라고 밝히고 있는 바, 세자의 가례를 염두에 두고 왕실에서 사용하기 위해 별궁 건립을 명한 것을 알 수 있다.

이러한 건립 취지대로, 이곳은 1882년 2월 22일에 세자와 세자빈의 혼례 장소로 사용되었으며, 이후에도 가례소[13]로 활용되는 등 왕실의 필요에 맞게 활용되었다.

하지만 일제 강점기를 거치며 조선 왕실의 재정난[14] 속에 이 별궁은 부분 매각되어[15], 1936년 7월 2일에 큰 길에 면한 768평이 당시 광산업(鑛産業)으로 부를 쌓은

065 매각되어 헐리기 전의 안국동별궁 대문간채 및 행랑채 전경(행랑채 뒷편으로 좌측에 정화당 지붕 모습, 우측에 경연당 지붕 모습 보임)

최창학[16]에게 15만2천9백1원50전에 매각되었고, 이어 1937년에 나머지 4천여 평이 민대식[17]에게 불하되어 휘문보통학교가 들어섰으며, 이후 1944년에는 민덕기이사장이 운영한 풍문여학교(1945년 풍문고등여학교로 변경)로 바뀌는 가운데[18], 점차 원 모습을 잃게 되었다.

이 과정에서 그나마 학교 교사(校舍)로 사용되면서 남아 있던 안국동별궁의 일부인 경연당(慶衍堂)·현광루(顯光樓)와 정화당(正和堂)도 1965년에 이르러 해체되어[19], 경연당과 현광루는 한양컨트리클럽으로, 정화당은 우이동에 있는 민병도 소유 대지로 이축되면서 별궁의 흔적은 거의 사라지게 되었다.

이에 현재는 이 별궁 터에 풍문여자고등학교 교사 뒤편으로 봉황무늬 천장 모습이 일부나마 남아 전하는 옛 한옥 한 채와 담장만이 남아 조선 시대 별궁의 흔적을 느낄 수 있을 뿐이다.

이들 건축물의 1965년 당시 이건 과정에 대해서는 신영훈의 증언[20]을 통해 상세하게 알 수 있다. 이를 정리하면, 과거 한국은행 총재를 역임하고 풍문여자고등학교 이사장을 맡았던 민병도[21]가 학교 건물을 더 확보한다는 명분을 내세우고 서울시교육위원회에서 적극 나선 결과 이들 건축물들이 옮겨가게 되었으며, 먼저 한양컨트리클럽으로 경연당과 현광루가 이축된 후, 그 다음에 우이동의 민병도 터로 정화당이 이축되었다고 한다.

이때의 이축은 당시 궁궐 목수였던 이광규가 담당하였는데, 이 시기 민병도와 친분이 있었던 전 국립박물관 관장 고(故) 최순우의 추천으로 맡게 되었다고 한다.

한편 신영훈은 정화당을 우이동으로 이건하는데 관여하였으며, 이 때 부재의 교체 없이 모두 그대로 사용하여 이축하였다고 한다.

066　정화당 모습(2006년 2월)

**067**  경연당 · 현광루 모습(2006년 2월)

068

069

070

068   풍문여고 교내 뒤편 한옥 모습(2006년 2월)
069   풍문여고 교내 뒤편 한옥 천장의 단청
070   풍문여고 담장(2006년 2월)

## 4. 현존 건축물 현황 및 특성

### 1) 경연당(慶衍堂)과 현광루(顯光樓)

이 건축물은 현재 경기도 고양시 덕양구 원당동 산 38-23 한양컨트리클럽에 위치하고 있다.

현 상태를 살펴보면, 부식으로 일부 훼손된 우물마루 바닥[22], 일부만 원 모습이 남아있는 천장과 기둥 상부 가구의 채색 단청, 그리고 풍문여자고등학교 교사(校舍)로 전용되고 또 이축되는 과정을 거치며 없어진 창호를 제외하면, 기단과 초석, 상부 가구 및 지붕부가 원래의 모습대로 매우 잘 보존되어 있다.(사진 71, 72 참조)

표1. 경연당과 현광루 조사 현황

| 구분 | 경연당 | 현광루 |
|---|---|---|
| 규모 | 전면 11간 좌측면 6간(우측면 3간) | 전면 5간 측면 3간 |
| 가구구조 | 2고주 7량가 | 2고주 5량가 |
| 기단 | 두벌대 장대석 | 외벌대 장대석 |
| 초석 | 장주형초석+방형다듬돌초석 | 장주형초석 |
| 기둥 | 사각기둥 | 사각기둥 |
| 마루 | 우물마루 | 우물마루 |
| 공포 | 2익공 | 2익공 |
| 화반벽[23] | 장판재에 화반 형태를 양각 후 단청 | 장판재에 화반 형태를 양각 후 단청 |
| 처마 | 겹처마 | 겹처마 |
| 지붕 | 팔작지붕 | 팔작지붕 |
| | 몸채 용마루 위 취두, 나머지 내림마루 위 용두 | 용마루, 합각마루 및 추녀마루 위 용두 |

**071** 경연당과 현광루 전경

**072** 현광루 전측면 전경

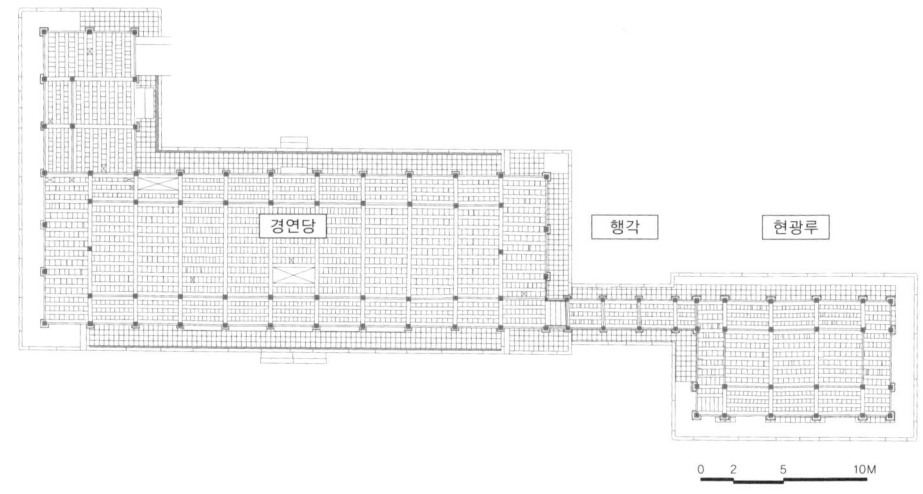

**073** 경연당·현광루 평면도(2006년 당시 현황)

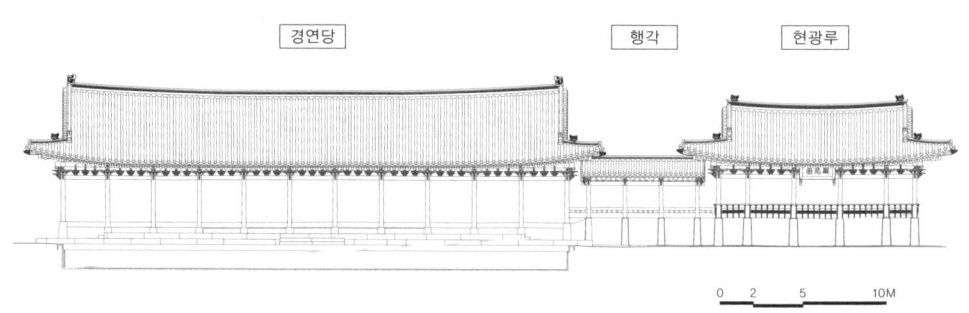

**074** 경연당·현광루 입면도(2006년 당시 현황)

건축 문화재 현장 이야기

건축물 평면 구성을 보면, 몰익공 양식으로 된 행각(전면 5간 측면 1간)을 가운데 두고 좌측과 우측[24]으로 2익공 양식에 각각 2고주 7량가로 된 경연당(전면 11간 좌측면 6간 우측면 3간[25])과 2고주 5량가로 된 현광루(전면 5간 측면 3간)가 연결 배치되어 민간 건축에서 볼 수 없는 매우 큰 규모[26]를 이루고 있다. 4각형 단면의 기둥을 사용해 검소한 모습을 갖추면서도[27], 화려한 단청과 현광루의 장주형초석을 포함하여 기단에 사용된 장대석과 그 위의 방형다듬돌초석, 그리고 굴도리를 포함한 가구 부재들은 품격을 갖춘 고급 자재로 구성되어 있다.(사진 75~82 및 표 1 참조)

075 몰익공 양식의 행각 모습

076 경연당 가구 모습

077 2익공 양식의 경연당 모습

078 경연당 좌측 제3측간 후면쪽 단청 흔적이 남아 있는 상부 가구 모습

**080** 경연당 좌측 제4측간 상부 천장의 봉황무늬 상세

**079** 경연당 좌측 제4측간의 실내 상부 천장

**081** 2익공 양식의 현광루 모습

**082** 모서리와 면 중간부에 두 줄을 넣어 쌍사로 치장한 기둥

건축 양식을 보면 고종 당시 건립된 건축 특성이 잘 나타나는데, 기둥 위에 결구된 익공과 익공 부재 사이의 화반벽이 회벽이 아닌 장판재로 구성되고 있고, 또 장판재에 화반 모습을 양각한 것에서 고종조에서도 이른 시기의 건축물임이 구체적으로 드러나고 있다.

원래 화반벽이나 포벽은 흙벽에 회를 바른 회벽으로 구성되지만, 조선 말기가 되면 공사 기간 단축을 위한 건축 기술의 발전에 따라 긴 판재로 바뀌게 된다. 이와 관련하여 1750년 건립된 용주사 대웅보전에서는 그 과도기적인 모습을 볼 수 있는데, 귓기둥 부분에는 양각과 단청으로 첨차를 표현한 판재를 사용하고, 그 이외 부분에는 실제 첨차가 결구된 공포와 회벽의 포벽을 설치하여, 건식인 판재와 습식인 기존 회벽 방식이 공존하고 있다.

덧붙여 긴 판재의 바깥 면에 양각과 단청으로 첨차나 화반을 표현하는 수법이 양각을 하지 않고 단청만으로 첨차나 화반을 표현하는 것보다 오래된 기법인데, 현광루와 경연당의 경우 양각과 단청을 함께 사용해 화반을 표현하고 있어서, 고종조에서도 이른 시기의 것임을 알 수 있다.[28] (사진 83 참조)

083 경연당 좌측 제3측간 후면 상부 화반벽의 양각과 단청을 함께 사용해 화반을 표현한 장판재 모습

이와 함께 이 건축물에서 사용된 용두 등 지붕 장식 부재의 모습이 19세기 후반기에 서울 경기 일원에서 사용되었던 다른 용두들의 외형적 모습과 매우 닮아 있어, 당시의 양식적 특성을 살펴볼 수 있다.(사진 84~86 참조)

이외에도 궁궐 건축에서 보이는 지붕 내림새와 막새에 새겨진 용(龍) 및 희(喜)자 무늬와 천장 단청의 봉황 무늬 사용 등을 볼 수 있어, 이로부터 궁궐 건축의 수법을 확인할 수 있다.(사진 87 참조)

084

085

086

084 경연당 몸채 후면 돌출부 우측면의 지붕 장식 용두 및 막새 상세
085 현광루 지붕 우측전면 내림마루의 용두 상세
086 고종 15년(1878) 건립된 화계사 명부전의 용두 모습

**087** 경연당 좌측 앞쪽 지붕 합각마루 부근의 내림새(龍)와 막새(喜) 및 너새(거미) 무늬 모습

## 2) 정화당(正和堂)

　정화당(正和堂)은 현재 서울시 강북구 우이동 92 메리츠화재 연수원 안에 위치하고 있다. 이 건축물은 기존 건축물 그대로 옮겨갔기에 경연당·현광루와 같은 외관을 하고 있다. 그러나 지붕 상부가 모두 신 재료로 교체되었고, 내부에서 새롭게 인테리어를 하여 변형이 적지 않게 이루어진 상태이다.

　건축물 평면 구성을 보면 전면 9간 측면 3간의 몸채에 전면 좌측으로 전면 1간 측면 2간의 익사가, 후면 우측으로 전면 2간 측면 3간의 익사가 돌출 구성되어 큰 규모를 이루고 있다. 현재 여기에는 새롭게 좌측으로 전면 3간 측면 2간의 문간채가, 후면 좌측으로 전면 2간 측면 7간의 익사가 증축된 상태이다.

　이 증축 부분을 제외하고 원래의 건축물 부분을 보면, 모든 기둥이 사각기둥으로 구성된 2익공 양식의 건축으로서, 비록 내부에서의 개축으로 원형이 상실되었지만, 외관에서는 원래의 모습이 잘 남아 있으며, 이를 통해 경연당과 같은 건축 양식으로 구성된 것을 알 수 있다.(표 2 및 사진 88~89, 91~92 참조)


표2. 정화당 조사 현황

| 조사 대상 | 정화당 현황 |
| --- | --- |
| 규모 | 전면 9간 좌측면 5간·우측면 6간 |
| 기단 | 두벌대 장대석 |
| 초석 | 장주형초석+방형다듬돌초석 |
| 기둥 | 사각기둥 |
| 공포 | 2익공 |
| 화반벽[29] | 장판재에 화반 형태를 양각 |
| 처마 | 겹처마 |
| 지붕 | 팔작지붕 |
| | 용마루 위 취두, 나머지 내림마루 위 용두 |

088 정화당 전면 외관

089 정화당 우측면 및 후면 일부 모습

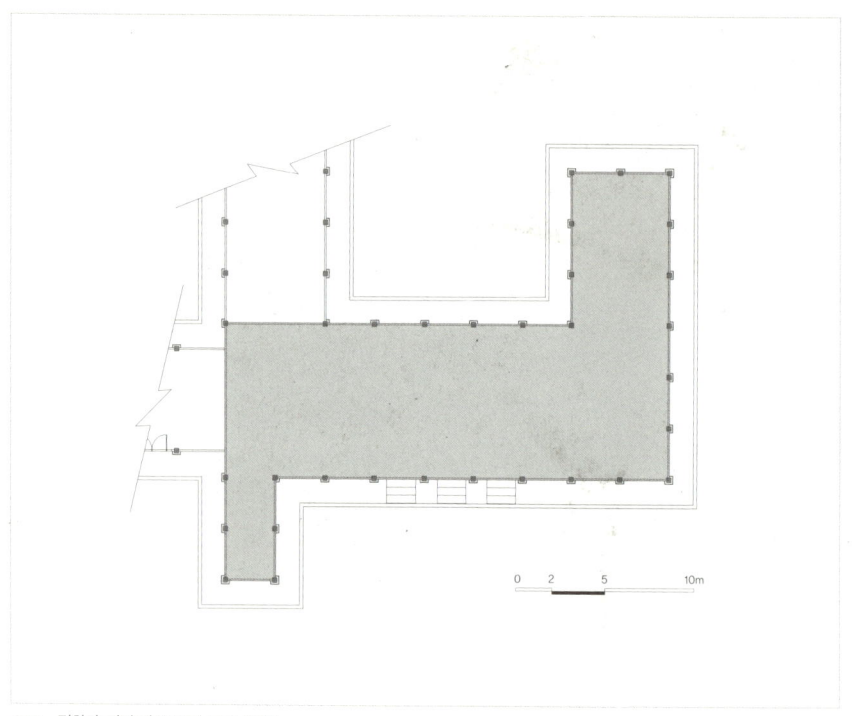

090　정화당 평면도(2006년 당시 현황)

091　정화당 전면우측 귓기둥 상부

092　정화당 실내 모습

## 5. 맺음말

이 글에서는 안국동별궁에 대하여 분석 고찰하였다.

별궁에 관련된 기록은 적지 않다. 그러나 현재까지 남아 전하는 유구를 찾아보기 힘든 상황에서, 비록 한양컨트리클럽과 메리츠화재 연수원 대지 안에 이축되어 있지만, 원래의 모습을 잘 간직하고 있는 이 안국동별궁 유구는 조선 시대 별궁의 실제 모습을 일부나마 파악할 수 있게 한다는 점에서 매우 중요한 의미를 갖는 건축물이라 하겠다.

따라서 이 별궁 건축물에 대한 조사 후기를 작성하였으며, 향후 우리나라 별궁 건축 전반에 대한 심도 깊은 연구가 진행되어야 할 것이다.

\* 대한건축학회(「대한건축학회지」 v.50 n.4, 2006.4, pp.88~92)에 발표한 원고를 바탕으로 사진, 도면 등 추가함

1 조사 당시 우선 건축 양식 분석을 통해 건립 시대 판별과 왕실 관련 건축임을 파악하는 첫 번째 단계, 다음으로 관련 자료 습득과 이의 대조를 통해 안국동별궁의 한 부분임을 확인하는 두 번째 단계, 마지막으로 해당 건축물 이건에 관여했던 담당자의 증언 확보를 통해 안국동별궁의 한 부분이었음을 명백히 입증하는 세 번째 단계를 거쳐 안국동별궁의 일부임을 입증하였다.

2 고종18년(1881) 12월 9일자 고종실록과 승정원일기, 일성록과 청우일록(辛巳-고종18년-12月初9日)에서 안국동별궁이라는 기록을 볼 수 있으며, 그 밖에 동아일보 기사(哀悼에 싸힌 安國洞 別宮, 내인들의 애통, 1926.4.28)에서도 안국동별궁으로 기록된 것을 볼 수 있다.

3 황성신문 1899년 9월 1일(安洞別宮前 張繼賢紙廛 등), 1901년 5월 11일 3면 및 8월 23일 2면 등 참조

4 每日申報 기사(「李王職에서 高宗의 薨因에 對한 解」, 1919.3.15) 참조

5 별건곤 1927년 1월 1일 「朝鮮開化黨事件 甲申大變亂의 回想記, 그 일도 벌써 44년이 되얏다」 및 「京城內名物先生觀相記」와 1929년 9월 27일 「碧海桑田가티 激變한 서울의 녯날집과 只슥집」 참조

6 안국동은 조선 초기부터 있어 오던 북부 10坊 중의 하나인 安國坊의 지명을 그대로 洞 이름으로 한 것으로, 고종실록과 승정원일기에서는 안국동이라는 명칭을 쓴 것을 볼 수 있다. 이곳은 1894년 갑오개혁 때 행정구역의 변화에 따라 漢城府 北部 安國坊 小安洞契 小安洞 紅峴 安峴과 嘉會坊 齋洞契 紅峴 齋洞 일부 지역이 포함되었다는 기록(종로구 안국동편, 「동명연혁고」, 서울시사편찬위원회, 1967., p.187)을 볼 때, 소안동 지역에 위치한 별궁으로서의 안동별궁이란 용어가 나타난 것은 갑오개혁 이후부터라고 판단된다.

7 1926년 4월 28일자 동아일보 기사(哀悼에 싸힌 安國洞 別宮, 내인들의 애통)에는 안국동별궁으로 기록된 것을 볼 수 있다.

8 「동명연혁고」, 앞의 책, p.188 참고할 것

9 이후 안국동별궁이 들어서 있던 터의 변천 내력을 밝힌 강진철(姜晉哲)의 안동별궁고(「安洞別宮考 : 아세아여성연구2」, 숙명여자대학교아세아여성연구소, 1963., pp.1~24)에서는 안동별궁이라는 용어

가 사용되었고, 이 글의 일부가 그대로 인용된 풍문여자고등학교 역사책인 풍문오십년사(豊文五十年史)에서는 그대로 안동별궁으로 기록되었으며, 이 용어는 계속해서 「서울六百年史」에서도 사용된 것을 볼 수 있다.

10 「豊文五十年史」의 사진 설명 부분과 종로구청 홈페이지(http://jongno.seoul.go.kr/wcms4/page?pageId=270004206&idx=243)의 별궁 설명 자료(2006년 2월 현재) 등 여러 곳에서 安洞을 安東으로 잘못 표기하고 있음을 볼 수 있다.

11 「고종실록」, 「승정원일기」, 「서울六百年史」, 「안동별궁고」(앞의 책) 등 참조

12 「국역승정원일기」 기묘(1879) 갑신(11월 15일)

13 세자가 순종으로 등극한 후, 일찍 세상을 떠난 민비를 대신하여 새롭게 간택된 순정효황후 윤씨와 순종의 혼례식이 이곳에서 1907년 1월 거행되었다.

14 동아일보 기사(失業旋風은 "나인"에게노 - 安洞別宮도 헐려, 1936.6.3)에서 어려운 재정 상황의 일단을 읽을 수 있다.

15 1936년 7월 1일자 동아일부 기사에 부분 매각과 관련한 내용을 볼 수 있으며, 원문은 다음과 같다. "유서깊은 부내 안국정(安國町)별궁은 기보한바와 같이 큰 길가의 일부를 점포(店鋪) 기지로 그다음을 새로설립될 휘문보통학교(徽文普通學校)의 기지로 각각 매각케된다. 점포기지로 매각될 부분七百여평은 일반경쟁입찰에 부치게되어 오는二일 오후一시에 리왕직회계과에서 입찰케하리라는 것이다. 그리고 그뒤를이어 학교기지도 분할매각케됨으로 불원간 별궁의 일부는 헐리케되리라고 한다.……"

16 1891~1959. 평안북도 구성 출생. 1923년 평안북도 의주군의 삼성금광 경영을 시작으로 이후 광구 100여 곳 이상을 보유하며 경영하여 조선의 '금광왕'으로 불림. 일제 강점기 당시 국민정신총동원조선연맹 이사를 맡아 친일 활동을 하면서 헌금 등을 통해 일제에 적극 협조함. 이와 관련한 상세 내용은 「친일문제연구총서 3 친일인명사전」, 민족문제연구소, 2010. p.795~798 참조

17 1882~1951. 서울 출생. 교사로 활동하다가 상공인으로 활동. 중추원 3등 의관, 육군무관학교 교관, 휘문의숙 교사, 상공인으로도 활동. 친일단체인 동민회의 평의원을 맡아 친일 활동을 하면서 헌금 등을 통해 일제에 적극 협조함. 이와 관련한 상세 내용은 「친일문제연구총서 1 친일인명사전」, 민족문제연구소, 2010. p.807~809 참조

18  동아일보(安洞別宮一部는 헐려 店鋪와 學校基地로, 1936.7.1)와 조선중앙일보(安國町의 「安洞別宮」 十五萬圓에 落札, 1936.7.12) 기사 및 豊文五十年史 참조.

19  「豊文五十年史」 기록을 통해 1965년 8월 31일에 구관 건축물인 정화당과 경연당·현광루를 해체하기 시작한 것을 알 수 있다.

20  이들 건축물들의 이전 과정에 대한 신영훈 선생의 증언 내용은 김도경 박사를 통해 2006년 2월 8일 상세히 전해들을 수 있었다.

21  2016~2006

22  20년 전까지 골프장 측에서 이 건축물 앞에 수영장을 만들어 사용하면서, 휴식 장소로 이 건축물이 이용되었는데, 마루 부식의 경우 이러한 영향도 있다고 하겠다.

23  익공과 익공 간에는 경연당의 경우 소로 위에 운공을 결구한 것을 3구 두었고 그 양편으로 소로를 1구씩 두었다. 반면 현광루에서는 전후면 중앙간과 협간, 그리고 측면 중앙간의 경우 경연당과 같지만, 이외의 전후면 측간과 측면 측간의 경우 소로 위에 운공을 결구한 것을 1구 두었고 그 양편으로 소로를 1구씩 두었다.

24  위치와 관련해 이 글에서는 관찰자의 시점을 중심으로 정리하였다.

25  경연당은 전면11간 측면3간의 몸채에 전면2간 측면3간의 익사가 후면 좌측으로 돌출한 ㄱ자형 건축물이다. 참고로 몸채 부분에서 회랑을 내기 위해 측면의 기둥 배열을 일치시키지 않고 다르게 한 것을 볼 수 있다.

26  현광루는 24.14평, 경연당은 96.4평, 두 건축물을 연결하는 행각은 4.7평으로, 전체 규모가 125.24평에 이른다.

27  이는 「승정원일기」의 별궁 영건 계획을 상의하는 내용(1879.11.15) 가운데 이최응이 "집을 짓는 일은 높고 클 필요가 없고 튼튼한 것을 위주로 하는 것이 좋을 듯 합니다"라고 밝히자, 고종이 "튼튼한 것이 첫째이다."라고 답하고 있는 부분에서 알 수 있듯이, 실용을 중시한 시대적 사상에 근거하여 이루어진 결과라 하겠다.

28 김성도, 「조선시대말과 20세기 전반기의 사찰 건축 특성에 관한 연구」, 고려대학교 박사학위논문, 1999 p.52~53. 이와 관련하여 화반벽은 조선말 지어진 건축물의 건립 시기를 판별하는데 매우 중요한 판단 근거가 되는데, 사찰 건축뿐 아니라 별궁 건축에서도 같게 구성된 것을 확인할 수 있어, 당시 목조 건축의 특성인 것을 알 수 있다.

29 익공과 익공 간에는 경연당의 경우와 마찬가지로 소로 위 운공을 결구한 것을 3구 두고 그 양편으로 소로를 1구씩 두었다. 한편 정화당 화반벽은 경연당 화반벽과 마찬가지로 장판재에 화반 형태를 양각하고 단청한 형식이었겠지만, 현재는 개채(改彩)로 인해 양각 흔적만 볼 수 있다.

093 무량수각 전면 전경

# 일본 코오토쿠인 高德院 경내 무량수각 無量壽閣 조사 후기

## 1. 머리말

　무량수각은 일본에 있는 우리나라 전통 건축물로서 현재 일본 카나가와켄(神奈川縣)[1] 카마쿠라시(鎌倉市) 하세(長谷) 4-2-28에 위치한 사찰인 코오토쿠인(高德院)[2]의 경내에 위치하고 있다. 일제강점기 당시 일본으로 옮겨 간 뒤 두 차례 이건을 거쳐 지금에 이르고 있다. 일본에서 칸게쯔도오(觀月堂)라고 지칭되는 이 건물에는 "무량수각"이라고 쓰인 현판이 걸려 있었으나, 원래부터 이 건물의 현판이었는지 아직까지 알 수 없으며, 일본으로 옮겨가기 전 어느 곳에 위치하였던 건물인지 역시 분명하지 않다[3].

　이 글은 필자가 현지 조사를 맡아[4] 무량수각 현장에서 조사, 분석하여 보고하였던 내용을 바탕으로 작성하였으며, 향후 기초 학술 자료로서의 역할을 기대한다.

**094** 내부 보관 중인 무량수각 현판

095  코오토쿠인(高德院) 경내의 대불(大佛) 전경

096  코오토쿠인 경내도. 觀月堂이라 쓰인 건물이 무량수각임

## 2. 연혁 등 관련 기록

현재 일본에서 칸게쯔도오(觀月堂)라고 불리는 이 건물은 카마쿠라 내 관음영지(觀音靈地)의 하나로서 33개소 순례지 가운데 23번째 순례소이다. 관음보살이 봉안된 곳을 영지로 삼아 순례하는 습속이 헤이안(平安) 시대 이래로 이어져 오던 중 주변 지역으로의 이동이 엄격히 규제된 에도(江戶) 시대에 이르러 단일 지역 내 또는 단일 사찰 경내 등에 33개소 관음 순례지가 성립되어 카마쿠라 지역에서도 33개소 관음 순례지가 형성되었는데[5], 이 전통을 이어 이 건물은 관음보살입상을 봉안하고 23번째 순례소로 이용되고 있다.

이 건물에 대한 일본 측 자료인 近世社寺建築調査報告書集成[6]에는 "1939년 도쿄 메구로의 驢山莊으로부터 코오토쿠인(高德院)으로 이건되었는데, 한국 경성 왕궁의 한 집으로 전한다[7]"는 내용이 기록되어 있다.

한편 우리 측 자료로 이 건물의 소재를 처음 밝혀 낸 김정동 교수는 이건 경위 등에 대해 그의 저서(일본을 걷는다)에서 사학자 이광린 교수의 글을 인용하면서 언급하고 있다. 이를 보면 조선 왕실 소유였던 이 건물은 조선척식은행으로부터 왕실이 자금을 빌리면서 금융담보로 제공되었고, 이후 재정난을 겪던 조선척식은행이 야마이찌(山一)증권[8]의 스기노키세이(杉野喜精 1870.9~1939.5)로부터 융자를 받아 파산을 면하면서 그 답례로 스기노키세이에게 기증되어 1924년 도쿄 시부야쿠(澁谷區) 메구로(目黑)에 있던 스기노키세이의 자택인 驢山莊으로 옮겨갔다. 이후 와세다대학 건축학과의 오카다(岡田信一郎) 교수에 의해 코오토쿠인(高德院) 경내에 있던 스기노키세이의 별장으로 재차 옮겨간 것으로 정리할 수 있다[9].

이들 내용으로부터 1924년에 처음 일본 도쿄의 驢山莊으로 옮겨갔다가 1939년에 카마쿠라의 코오토쿠인으로 재차 옮겨간 이래 오늘에 전하고 있음을 알 수 있다[10].

097　전면 모습

## 3. 현존 건물의 현황 및 건축 특성 고찰

### 1) 현황

무량수각은 현재 전면 3간 측면 2간 규모에, 양측면의 경우 무고주 5량가, 내부의 경우 1고주 5량가 구조로 이루어져 있다. 양 측면부에서 전면 툇간의 안측에 세워져 있어야 할 기둥이 없는 상태로 측면 3간이 되어야 하지만 측면 2간으로 변형된 상태이다[11].

건물 기단은 원 기단이 아니고, 콘크리트로 다듬돌바른층쌓기 형태의 석재 기단 외관을 모방하여 만든 변형된 기단이다.

초석은 없어졌으며, 이에 따라 기둥은 콘크리트 기단 위에 직접 놓여 있고 모두 사각기둥으로 구성되어 있다. 사각기둥의 면 가운데와 모서리에는 두 줄로 쇠시리를 한 쌍사로 장식되어 있다.

표3. 무량수각 조사 현황 개요

| 건물명 | 무량수각 |
|---|---|
| 규모 | 현재 전면 3간(7.5m) 측면 2간 |
| 가구구조 | 양측면 무고주 5량가 / 내부 1고주 5량가 |
| 기단 | 현재 콘크리트 기단으로 변형 |
| 초석 | 현재 없어짐 |
| 기둥 | 방주(각 면 및 모서리에 쌍사) |
| 대공 | 파련대공 |
| 마루 | 우물마루(전면 툇마루 및 내부 모두) |
| 공포 | 전면 초익공 / 현재 후면의 납도리는 나중에 변형된 것으로 추정 |
| 처마 | 전면 겹처마 / 현재 후면의 홑처마는 나중에 변형된 것으로 추정 |
| 지붕 | 맞배지붕 |
| | 지붕 장식기와 현재 없어짐 |

**098**

**099**

098 우측면 모습
099 콘크리트 기단 내부 모습
100 우측면 및 후면 모습

**100**

기둥 하부에는 꾀중방에 해당하는 하인방이 기둥 하단을 꿰뚫고 지나가도록 구성되어 있는데, 이는 일본의 일반적 인방 구성 방식인 누키(貫), 즉 꿸대 형태로 변형된 것으로 판단된다. 이 과정에서 하인방 아래로 있어야 할 마루 하부 통풍용 고막이널이 없어지고 기둥 밑동도 잘려나간 것으로 보인다. 이와 함께 전면 양측의 귓기둥 하부에는 철판을 덧씌웠는데, 일본 전통 건축에서 기둥 하부 보호를 위해 사용되는 방식을 이 건물에 사용한 것임을 알 수 있다.

바닥은 전면 툇마루와 실내 모두 우물마루로 이루어져 있다.

외벽 등 입면은 전면 3간에 걸쳐 툇마루 안측에 띠살창호가 구성되어 있으며, 전면 툇마루 쪽의 벽체를 제외한 측후면의 경우 개구부 없이 심벽 바깥쪽으로 돌가루

101 실내 우물마루

102

103

102 전면 툇간의 우물마루
103 전면 툇간의 쌍희자 무늬

104 전면좌측 협간

**105** 실내 우측벽 하부의 머름

를 섞어 만든 재료로 기둥 높이의 3/4 정도까지 방화장 형태로 발라 마감 변형된 상태이다.

툇마루 전면의 좌우 협간 아래쪽에는 아자살의 교란으로 구성된 평난간이 구성되어 있다.

전면 툇마루의 양측 벽체 하부는 안측으로 쌍희자의 길상문자가 새겨져 있고, 그 위에 구성된 미서기를 받치고 있다.

실내의 양측면과 후면 벽체는 모두 개구부가 없음에도 아래쪽에 머름이 설치되어 있다.

공포 양식은 전면부의 경우 기둥 상부에 익공재 하나를 결구하고 주두를 얹은 후 통장혀를 두어 굴도리를 받치는 초익공 양식으로 구성하였고, 양측면의 중앙 기둥 상부에도 익공을 두었다. 후면부의 경우 기둥 상부에 납도리를 둔 민도리계로 되어 있는데, 대들보가 제대로 결구되지 않고 후면 기둥 상부를 깎아낸 자리에 겨우 걸치도록 변형되어 있는 등 현황 분석을 통해 후면부의 공포 양식은 변형된 것임을 알 수 있다.

천장은 서까래를 드러낸 연등천장이며, 현재 서까래 위에 개판 마감한 것을 볼 수 있다.

실내 상부는 대들보 위에 종보를 얹고 그 위에 파련대공을 두어 종도리를 받치도록 구성되었다. 서까래를 받치는 도리는 납도리로 된 후면 주심도리를 제외한 나머지 전면 주심도리와 중도리 및 종도리 모두 굴도리로 구성되었다.

처마는 전면의 경우 서까래와 부연을 둔 겹처마이지만, 후면의 경우 홑처마로 변형되었다.

지붕은 맞배지붕이며, 풍판은 원래의 것이 아니고 일식의 비늘판벽 형식으로 변형되어 있다.

기와는 내림새에 용무늬, 너새에 거미무늬가 양각되어 있으며, 막새 없이 아구토 마감으로 되어 있고, 그 외 지붕 장식 기와가 모두 없어진 상태이다.

이상 무량수각에 대한 현황을 고찰하였는데, 두 차례 이건 과정에서 용두 등 지붕

106　전면 좌측 귓기둥 상부 익공

107　전면 익공

108 우측 박공판 모습

109 내부 상부 가구

110 대들보와 후면 기둥의 결구 모습

장식 부재와 초석 등 부재들이 망실되고 벽체와 풍판 등이 변형되면서 건립 시기 판단에 필요한 요소들이 훼손되어 구체적인 건립 시기를 파악하기가 쉽지 않다. 다만 초익공 형태, 고창 설치, 지붕 너새의 거미문 등 의장 수법 등으로부터 조선 후기에 건립된 것으로 추정되지만, 추후 상량문 등을 포함한 고증 자료가 확인되어야 정확한 건립 시기를 파악할 수 있겠다.

### 2) 왕실과 관련된 건축 특성

무량수각에는 궁궐 건축에서 보이는 의장 기법 등을 포함하여 왕실과 관련된 건축 특성이 나타나고 있는데 이를 살펴보면 다음과 같다.

첫째로, 무량수각 지붕 기와의 내림새에는 용문이, 너새에는 거미문이 나타난다. 그런데 용문은 궁궐 건축의 막새 의장으로 가장 많이 쓰이는 무늬이며, 또 거미문은 궁궐의 부속 건물에 널리 쓰인 무늬이다. 무량수각 내림새에 사용된 용문은 반달 형태의 드림에 용머리를 중앙에 두고 몸통을 휘감아 위로 틀어 꼬리를 우측 상단에 둔 형태[12]로, 오랜 세월을 거쳤으면서도 용의 비늘이 여전히 잘 남아 있는 것을 볼 수 있다. 무량수각 너새에 사용된 거미문은 창덕궁 대조전 행각, 희정당 행각, 선향재 등에 사용된 거미문[13]과 그 형태가 매우 흡사한 것을 볼 수 있다.

둘째로, 무량수각의 전면 좌우 협간에 있는 난간 형태는 하부 중방 위에 엄지기둥과 난간동자를 세우고 띠장을 가로로 보내어 만든 궁창에 아자살을 짜 구성한 후, 띠장 위에는 하엽을 두어 그 상부의 두겁대를 받도록 구성한 평난간이다. 그런데 이는 궁궐 건축에서 많이 나타나는 난간 형태로 창덕궁 대조전·한정당, 경복궁 함화당, 창경궁 양화당 등의 난간 형태와 유사한 것을 볼 수 있다. 다만 궁궐 건축의 난간에서는 새발장식 철엽, 국화쇠 등 보조 철물이 쓰이는데 대하여, 관월당에서는 이들 철물의 사용 흔적이 나타나지 않았다.

이외에도 전면 툇마루 벽체 안측 하부에 길상 문자인 쌍희(囍)자를 이용한 의장 수법과 보에 나타난 단청 무늬 등을 통해 왕실 관련 건축의 수법을 확인할 수 있다.

111 전면 내림새의 용문 상세

112 너새의 거미문 상세

113 대들보 단청

114 전면좌측 협간의 난간상세

3) 건축용도 고찰

일본으로 옮겨가기 전 이 건물의 원래 명칭과 용도는 향후 추가 자료 발굴이 있어야 분명하게 밝혀지겠지만, 그 용도에 대해서는 현재 건물 현황을 통해서 추정해볼 수 있다.

건물 현황으로부터 살펴보면 전면 3간 측면 2간으로 사람이 거처하기에 그 규모가 작다. 전면 툇간과 내부는 모두 우물마루로 되었으며, 전면 툇마루 안측은 전간 모두 띠살창호로 구성되고 그 위에 고창이 설치되었으며, 실내 측면 및 후면 벽체에는 개구부가 전혀 없고, 천장을 두지 않은 연등천장이다. 또 외관은 익공양식으로 격식을 갖추면서 맞배지붕으로 이루어져 있다. 이러한 건축 특성 등을 종합하여 볼 때 주남철 교수[14]는 변형을 고려하여도 육상궁, 선희궁, 덕안궁, 저경궁, 경우궁, 대빈궁, 연호궁 등 칠궁에서 볼 수 있듯이 왕실의 위패를 안치한 사당 건축물로 볼 수 있을 것이라고 밝히고 있다[15].

## 4. 맺음말

이 글에서는 조국을 떠나 타국 일본에 사니 집이야만 했던 우리의 뼈아픈 역사가 담긴 무량수각에 대하여 분석 고찰하였다.

최근 문화재 환수와 관련하여 언론의 주목을 받고 있는 이 건축물에 대하여 구체적이고 정확한 현황 파악의 중요성은 두말할 나위가 없다. 더불어 일본으로 옮겨가기 전 원래 위치 등을 포함하여 원형 고증 자료 확보는 물론이고 현황에서 밝혔듯이 원형을 알 수 없는 기단·초석·환기용 고막이널 및 지붕 장식 기와 등에 대한 복원 설계와 기둥의 원래 길이 복원 설계 등을 통해 향후 원래의 모습을 되찾는 것이 매우 필요하다.

이 글은 이를 위한 기초 자료로서 작성하였으며, 향후 추가적인 고증 자료 발굴이 이루어지기를 기대한다.

\* 한국건축역사학회(「건축역사연구」제19권 4호, 2010.8, pp.127~134)에 발표한 원고를 바탕으로 내용 추가함

1 이 글에서 일본어 표기는 'Table of the C.K. System for Japanese'를 원칙으로 하였다.

2 카나가와켄(神奈川縣) 카마쿠라시(鎌倉市) 하세(長谷) 4-3-38번지에 소재한 사찰. 다이이잔 쇼오죠오센지(大異山 淸淨泉寺)라 칭하며, 보통은 카마쿠라 대불(鎌倉 大佛) 또는 하세의 대불(長谷의 大佛さま)로 알려져 있다. 정토종. 1335년, 1369년에 당우가 파손, 전도될 때마다 수리했지만 1495년에 유이가하마(由比ヶ浜) 해변의 바닷물이 역류하여 전당이 유실된 이래로 재건하지 못하면서 노불(露佛)이 되었다. 그 후 오랫동안 폐사 상태였으나 쇼오토쿠(正德) 연중(1711~16)에 유우텐쇼오닌(祐天上人)이 재흥하여, 시시쿠잔(獅子吼山) 쇼오죠오센인(淸淨泉院)이라 하고, 이 때 이래로 진언종을 고치어 정토종으로 하였다. 이와 관련해서는 金剛秀友編,「古寺名刹大辭典」, 東京堂出版, 1997, 136~137 참조

3 일본 명칭으로 칸게쯔도오라고 하는 이 건물의 원래 위치나 용도, 명칭 등에 대하여 현재까지 알려진 것이 없고, 다만 無量壽閣이라고 쓰인 현판이 걸려 있었으므로, 이 글에서는 무량수각으로 일단 지칭하도록 한다.

4 코오토쿠인(高德院)은 도쿄역에서 요코스카(橫須賀)선을 타고 카마쿠라에 도착하여 재차 협궤열차인 에노시마덴을 타거나 버스를 타고 들어가야 하는 곳에 위치하고 있으며, 일본 현지 조사는 2010년 4월 28일부터 30일까지 2박 3일 일정으로 이루어졌다. 조사 당시 필자 외에 궁릉문화재과 이재서 사무관, 국제교류과 조동주 사무관이 동행했다.

5 이와 관련해서는 김성도, 「근대 일본 사회와 문화」, 도서출판 고려, 2008, p.31~34 참조

6 神奈川縣教育委員會, 「近世社寺建築調査報告書集成 第5卷」, 株式會社東洋書林, 2003, p.377 관련하여 일본 내 17~19세기에 건립된 사찰 등 종교 건축물은 한편으로는 메이지 정부의 불교 말살 정책(廢佛毀釋)으로 인해, 다른 한편으로는 제2차 세계대전과 關東대지진으로 인해 얼마 남지 않았는데, 그마저도 20세기 후반 경제 발전과 더불어 철거되고 새로운 건축물로 대체되는 상황에 처하였다. 이에 따라 일본 文化廳(우리나라 문화재청에 해당) 보조사업으로 각 지방자치단체의 교육위원회에서 긴급조사를 하여 그 보고서(東京都教育廳社會教育部文化課編, 東京都の近世社寺建築 : 近世社寺建築緊急調査報告書, 東京都教育廳社會教育部文化課, 1989 ; 橫浜市文化財總合調査會近世社寺重要遺構調査團編, 橫浜の近世社寺建築 : 橫浜市近世社寺建築調査報告書 2 寺院編, 橫浜市教育委員會文化財課, 1991 등)를 작성하였고 이들 조사 결과를 2002년과 2003년에 책으로 발행하였는데, 여기에 칸게쯔도오(觀月堂), 즉 무량수각에 대한 내용이 실려 있다.

7 "大仏回廊の北にあり、昭和十四年に東京目黒驢山莊から当寺に移建され、韓國京城王宮の一屋と伝える。明確な由緒を確認出來ないが、細部は正統的で、…"

8 글(일본을 걷는다)에서 언급한 야마이찌증권은 1897년을 창업 시점으로 하고 있고 수차례 큰 변화를 겪었는데, 1917년에는 야마이찌합자회사(사장 스기노키세이)로 존속하였고 1926년에 이르러 야마이찌증권주식회사(초대사장 스기노키세이)로 바뀌었다. 그런데 융자에 대한 답례로 무량수각이 이건된 시기가 1926년 이전인 1924년임을 고려할 때 융자 제공 당시에는 야마이찌합자회사였음을 알 수 있다.

9 김정동, 「일본을 걷는다 – 일본 속의 한국 근대사 현장을 찾아서」, 한양출판, 1997, p.58~59

10 일본 사찰 측 홍보 자료 및 안내문안에는 무량수각이 1924년에 코오토쿠인으로 이건한 것으로 기록되어 있는데, 이러한 두 차례에 걸친 이건 과정 등에 대한 학술적 검증 과정 없이 작성되었기 때문으로 보인다.

11 「近世社寺建築調査報告書集成」(앞의 책)에는 무량수각의 약시 평면도가 수록되어 있는데, 이를 보면 양 측면부에서 전면 툇간의 안측에 기둥이 없음에도 있는 것으로 그려져 있다. 이는 측면 2간의 현 상태가 구조상 불합리하고 변형된 것임을 반증하고 있다.

12 이 유형의 용문에 대하여 김홍식은 그의 저서(「조선 궁궐의 막새기와 문양과 잔시기와」, 민속원, 2009, p.48~50)에서 조선 시대 궁궐 건축의 막새기와에서 표준으로도 볼 수 있다고 밝히고 있다.

13 김홍식의 저서(앞의 책, p.73~77)에 나타난 사진을 통해 살펴볼 수 있다.

14 고려대학교 명예교수

15 김정동 교수는 그의 글(앞의 책)에서 현판인 무량수각을 대상으로 그 명칭, 현판을 작성했던 조선 말의 명필가 정학교의 이력 등을 분석하면서 궁궐 내 있던 내불당이었을 것으로 추정하고 있다.

115  미타사 금보암 입구 전경

# 미타사 금보암 관음전 조사 후기

## 1. 머리말

　미타사를 이루는 암자의 하나인 금보암에는 觀音殿과 신축 요사가 나란히 있다. 그런데 2007년 초에 관음전을 헐어 내고 그 자리에 새 불전을 건립하기로 되어 있어, 그 전에 관음전에 대해 조사하여 기록으로 남겨줄 것을 조계종으로부터 요청받았다.
　19세기와 20세기 전반기에 건립된 사찰 건축을 대상으로 오랜 기간 조사 연구를 해 왔던 필자로서는[1] 일제 강점기에 건립된 불전이 그다지 남아 있지 않아 이에 대한 중요성을 느끼고 있는 상황에서, 1938년 건립된 금보암 관음전에 대한 조사 요청에 기꺼이 응하여 휴일인 2007년 2월 3일(토)에 미타사를 찾았다.
　미타사는 이전에도 조사를 위해 수차례 찾은 바 있지만, 당시에는 중심 영역을 위주로 조사를 하였었고, 이번에는 암자 내 불전 건축을 조사하게 되어 그 의미가 남달랐다. 더불어 완전히 사라질 뻔한 우리의 건축 역사 한 조각이 조계종의 역사에 대한 안목으로 자료로 남겨질 수 있게 되어 다행스러웠다.

이 글에서는 우선 미타사의 연혁과 현황 및 주요 특징에 대하여 고찰한 후, 그 일부를 이루는 암자인 금보암 관음전에 대한 조사 내용을 분석 고찰하였다.

## 2. 미타사 연혁과 현황 및 특징

미타사는 서울 성동구 옥수동 395번지에 위치한 조계종 제1교구인 조계사의 직할 사찰이며, 이곳 금보암은 미타사의 일부를 이루는 암자이다.

현재 미타사에는 금보암을 포함하여 대승암, 칠성암, 금수암, 정수암, 용운암, 관음암, 토굴암의 8개 암자가 있으며, 독립적으로 운영되고 있는 이들 암자에서 4년마다 투표를 통해 미타사를 대표하는 주지를 선출하고 있다.

일제 강점기 당시 번성하던 시기의 미타사에는 극락전(6간), 무량수전(3간), 독성각(1간), 칠성각(3간), 산신각(1간) 외에 노전(8간)과 대방(28간), 금보암(12간), 요사(4간) 등 모두 합하여 9동(66간)이 있었다는 기록으로부터[2], 금보암을 제외한 다른 암자들은 금보암 성립 이후에 만들어진 것을 알 수 있다.

이러한 미타사의 연혁을 살펴보면 1827년에 3간 규모로 지은 무량수전이 얼마 지나지 않아 1838년에 중수되었고, 이후 주불전인 극락전이 1862년에 6간 규모로 건립되었으며, 1884년에 28간 규모의 대방이 건립되었다. 뒤이어 1891년에 칠성각이 중수되었고, 1899년에 천태각이 중수된 후, 1930년에 봉향각, 1933년에 산신각이 각각 중건되고 있다[3]. 여기서 산신각 건립 시기가 1933년이고, 이 글에서 상세히 고찰하게 될 금보암 관음전 건립 시기가 1938년인 것을 고려할 때, 9동 66간이 있던 시기는 일제 강점기 말 무렵으로 판단된다.

이들 가운데 현존하는 전각으로는 극락전, 대방, 독성각, 산신각, 금보암(관음전) 등이 있다. 여기서 산신각은 금보암 영역에 위치하고 있고, 1933년에 건립된 건축물 그대로를 바탕으로 하여 1965년에 바깥쪽 사면으로 벽돌을 에워싸는 등 일부 고친 상태로 있으며, 실내에 수리 내력을 기록한 편액이 걸려 있다. 그런데 민간의 산신 신앙이 불교에 수용되어 나타난 산신각은 토착 신앙의 특성상 사찰 방문객 누구

116  미타사 극락전 전면

117  미타사 대방 전면

118  미타사 독성각 전면

119  미타사 대방 후면

나 들를 수 있도록 함이 당연함에도 현재 금보암 영역 안에 위치하여 폐쇄적인 상태로 놓여 있다.[4]

한편 미타사의 주불전은 처음에 무량수전이었을 것으로 판단되지만, 3간 규모에 10년 남짓 지나서 수리된 것을 볼 때 규모와 구조 측면에서 만족스럽지 못하였던 것으로 보인다. 철종 13년(1862)에 왕실 지원을 받아 6간 규모의 극락전을 다시 지어 주불전으로 삼았고, 이후 고종 21년(1884)에 염불당인 대방을 극락전 앞쪽에 지어 극락전을 실제적·상징적 예불 대상으로 삼아 바라보며 염불 수행을 하도록 중심 영역을 구성하였던 것에서 이를 알 수 있다.

이러한 미타사는 주불전의 명칭(극락전)과 염불당인 대방 구성에서 알 수 있듯이 정토계 사찰[5]로서, 19세기 후반기에 그 중심 영역이 성립되어 오늘에 이르고 있다.

여기서 주목되는 것으로서 일제 강점기 말에 건립된 금보암 관음전으로부터 이 무렵에 미타사에는 이미 별가제[6]가 성립되었던 것으로 판단되며, 현재는 독립적으로 운영되는 암자가 8곳으로 늘어나 한층 별가세가 빌진된 것을 볼 수 있고, 이 과정에서 산신각이 사찰 영역으로부터 금보암 영역으로 바뀌게 되었을 것으로 추론된다.

그런데 마찬가지로 별가제를 운영했던 강원도 고성의 건봉사에서는 별가제로 운영된 영역이 개인 재산이 아닌 사찰 재산이 되고 있었던 것에[7] 반해, 미타사에서는 개인 재산이 되고 있는 것에서 큰 차이점이 있음을 알 수 있다.

120 산신각 전면

121 산신각 전면 상부

122 산신각 우측면

**123** 산신각 건립 경위 편액 1

**124** 산신각 건립 경위 편액 2

**125** 산신각 실내

## 3. 미타사 금보암 관음전 연혁과 건축 특성

금보암 관음전은 축원현판에 보이는 "응화세존 2965년"이라는 기록을 통해 1938년 4월에 건립된 것으로 판단되며[8], 위계에 따른 사찰 전각 분류상 보살단에 해당한다.[9]

전면 3간 측면 2간으로 된 6간 규모 불전으로서, 다듬돌초석 위에 원기둥을 세우고 그 상부에 초익공을 결구한 후 주두를 놓고, 여기에 대들보를 얹고 나서 굴도리로 된 주심도리를 두어 서까래를 받치는 구조로 되어 있다.

주지의 설명으로는 관음전 우측에 부엌과 요사가 붙어 있었다고 하며[10], 실제로 우측 벽체에 그 흔적이 보인다. 금보암이 12간이었다는 기록은 관음전 6간과 여기에 연결된 부엌 및 요사 6간을 합한 규모로 보인다.

후대에 건물 하부에 지하실을 만들면서, 기단과 계단 및 고막이 부분에 일부 변형이 생겼으나[11], 이를 제외한 나머지는 전체적으로 건립 당시의 모습을 잘 간직하고 있다.

따라서 변형되지 않은 부분을 대상으로 각 부위별 의장 특성을 분석하면[12] 다음과 같다.

우선 축부에서 사용 위치에 따른 초석 유형을 살펴보면 전면은 모두 원형의 다듬돌초석[13]으로 구성되었고, 나머지 측후면은 팔각형다듬돌로 되어 있다. 그 위에 세워진 기둥은 사면 모두 원기둥이며, 내부 바닥은 장마루로 되어 있다. 전면에는 띠살창호가 구성되었으며, 그 위에 교살로 된 고창이 설치되었다. 양측면과 후면 벽체는 심벽이며, 특히 좌측면과 후면 벽체에 막돌을 사용한 방화장이 구성되어 있다.

이와 관련하여 서울·경기 일원에서 고종 연간 건립된 사찰 전각의 벽체 방식은 대개 판벽 구조이며, 일제 강점기에 건립된 일반적인 사찰 전각의 벽체 방식은 이와 달리 심벽 구조로 하면서 아랫부분을 방화장으로 구성하였는데, 금보암 관음전의 벽체 방식도 마찬가지인 것을 볼 수 있다.

공포부에서는 사면의 기둥 위에 모두 초익공이 구성되어 있다. 그런데 전면 어간에서 익공 아래쪽에 순수 의장재인 용머리와 용꼬리[14]가 결구되고 있어 주목된다.

126 미타사 금보암 관음전 정면

127 미타사 금보암 관음전 전면 및 우측면

128 미타사 금보암 관음전 후면

129 미타사 금보암 관음전 전면 공포 상세

130 미타사 금보암 관음전 어간의 형식화된 용머리와 용꼬리 모습

용머리와 용꼬리가 모두 구성되는 다포 양식[15]과 달리 익공 양식에서는 용머리만을 꽂아 장식을 하는데[16], 여기서는 익공 양식임에도 용머리와 용꼬리가 모두 구성되고 있다. 한편 익공 사이에는 화반 없이 소로가 전후면 어간에 8개, 그 좌우협간에 7개, 양측면에 6개 짜여져 있으며, 그 사이에 소로방막이를 두었다.

 지붕부에서는 겹처마에 합각지붕으로 구성되어 있고, 용마루 위에 용두가 장식되었다. 일제 강점기 당시 건립된 불전의 경우 맞배지붕에는 장식 기와인 용두나 취두가 사용되지 않은데 대해, 합각지붕에는 이들 장식 기와가 사용되고 있는 바[17], 금보암 관음전 지붕도 마찬가지인 것을 볼 수 있다. 지붕 합각면은 좌측면이 전돌마감으로, 그리고 우측면이 회벽마감으로 되어 있는데, 우측면에 접하여 원래 부엌과 요사가 이어져 있었던 사실을 고려하면 우측의 회벽마감은 원래 모습이 아닌 것을 알 수 있다. 한편 내부 공간에서는 보와 측면 기둥 위에 걸쳐 충량을 결구하고 있는데, 보

상부를 파내고 그 속에 충량의 한 끝을 꽂아 넣었다. 천장은 우물천장으로 되었고, 불단 위에 닫집을 두었다.

치수와 관련하여 전면 주간은 중앙간이 2,710mm, 좌측협간[18]이 2,400mm, 우측협간이 2,350mm이고, 측면 주간은 두 간 모두 2,130mm,로 되어 있다. 기둥은 지름이 174~220㎜정도의 세장한 것이 사용되었다. 이와 함께 형식적으로 간략하게 표현된 용머리와 용꼬리, 고창 구성, 용마루 위 용두 형태, 심벽 및 방화장으로 구성된 벽체 등에서 건립 당시의 건축 특성이 잘 나타난다.

## 4. 맺음말

이글에서는 미타사와 그 소속 암자인 금보암 내 관음전을 대상으로 연혁과 현황 및 건축 특성 등을 고찰하였다. 일제 강점기 때 건립된 불교 건축물이 얼마 남아 있지 않은 상황에서 이에 대한 사료 확보는 매우 중요하다. 일제 강점기를 거치면서도 우리의 사찰 건축이 일본 사찰 건축 양식에 거의 영향을 받지 않고 그대로 우리 전통 양식을 이어 왔다는 사실은 이러한 자료를 통해서 입증되고 있으며, 이들 자료의 축적을 통해 한국 건축 역사에서 역사적 단절 없이 연속성을 이어 온 불교 건축의 역사적 정통성은 더욱 확고해질 수 있다. 이러한 의미에서 지금은 해체되어 사라졌지만 해체 전의 미타사 금보암 관음전에 대한 기록을 남길 수 있었던 것은 그 의미가 상당하다고 하겠다.

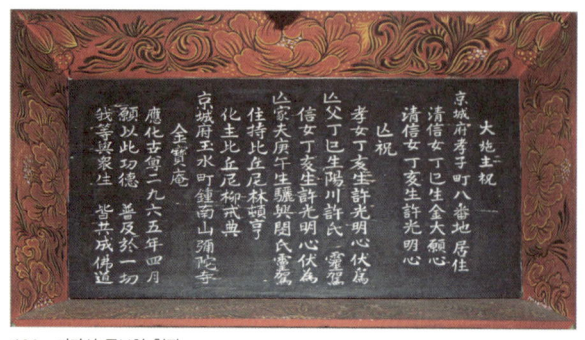

131 미타사 금보암 현판

## 주석

\* 대한불교조계종 성보보존위원회, 「성보 제9호」(2007.12, pp.7~14)에 발표한 원고를 바탕으로 내용 추가함

1 김성도, 「조선시대말과 20세기 전반기의 사찰 건축 특성에 관한 연구 - 서울·경기 일원의 佛殿을 중심으로」, 고려대학교 박사학위논문, 1999. 8.; Kim, Seong Do, 「A Study on the Characteristics of Space of the Daebang Building in Buddhist Temples of Seoul and Gyeonggi Province in the late Chosun Dynasty, Post proceedings of the World Conference on Cultural Design」, Yonsei University Press, 2001, pp.650~692; 김성도, 「조선말기 건봉사 가람의 구성과 변천에 관한 연구」, 대한건축학회논문집, 2002. 02. pp.101~108; 金成都, 「19世紀から20世紀前半期までのソウル·京畿地域の寺院大房の外部空間に關する硏究」, 日本建築學會計劃系論文集, No. 566, Apr., 2003, pp. 215~221; 김성도, 「한국건축문화유산 사찰대방건축」, 도서출판고려, 2007 외 다수

2 전통사찰총서4 「서울의 전통사찰」, 寺刹文化硏究院, 1995, p.81~82

3 안진호편, 「중남산미타사약지」, 1943 참조

4 이는 후대에 금보암이 별가제에서 암자 규모로 크게 확장되면서 나타난 결과로 보인다.
한편, 산신각을 1965년에 개축한 이유가 기록된 또 다른 편액이 있는데, 그 기록 일부를 현재 용어로 정리해보면 "이번 산신각 중수는 십이 씩어시 중수한 것도 아니고 접보다 잘하려는 것도 아니올시다. 뒤에서 바위덩이가 내리누를까(?) 집이 파쇄될까 하여 중수를 한 것이올시다."라는 내용이 나타난다. 이로부터 당시 튼튼히 하기 위해 고쳤던 사실 외에도, 뒤쪽의 바위 기록을 통해 옛 위치 그대로임을 알 수 있다.

5 우리나라에 불교가 도입된 이래로 고려 시대를 거치면서 다양한 종파를 이루며 발전했던 불교계는 조선 시대에 들어와 역대 임금들의 종교 정책으로 각 종파가 통합되면서 조선 중기 이후로 통불교로서의 특성을 지니게 되었지만, 한편에서는 건봉사(강원도 고성 소재)처럼 원래의 종파를 유지한 경우도 볼 수 있다. 이러한 상황에서 순조 연간 이래로 사회적으로 염불이 성행하면서, 정토종 사찰 이외에 통불교로서의 특성을 지닌 일반 사찰에서도 그 중심 영역에 주불전 전면으로 기존의 누각 대신 염불 수행 불전인 대방(염불당)을 구성하여 정토종의 요소를 흡수한 새로운 형식이 성립된 것을 볼 수 있다. 이는 교종의 강당과 선종의 선방이 기존 사찰의 중심 영역에 성립된 것에서 나아가 조선 말기에 이르러 정토종의 대방이 새롭게 중심 영역에 추가되었다는 점에서 매우 주목된다. 이와 관련한 상세한 내용은 「한국건축문화유산 사찰대방건축」 참조

6　조선 말기 사유재산제 발달에 따라 성립된 것으로서, 처음에 별방제로부터 시작하여 사찰 내 가옥의 각 방을 각 승려에게 분배하여 거주하게 함으로써 사승과 제자가 1호를 조직하여 독립생활을 하다가, 이후 점차 담으로 구획하고 별도의 출입문을 갖추어 독립된 영역을 형성한 별가제로 발전되었다. 별가제에 대한 상세한 내용은 앞의 책 p.26~28 참조

7　「조선말기 건봉사 가람의 구성과 변천에 관한 연구」, p.107 주석 65) 참조할 것

8　내부에 봉안된 불화의 제작 연대를 보면, 아미타후불도 1927년, 북두칠성군위팔곡병 1935년, 신중도 1942년, 산신도 1942년, 현왕도 1942년이며, 이들은 관음전의 건립 연대와 차이를 보인다.

9　사찰 전각은 위계에 따라 3단으로 대개 구분되는데, 홍윤식은 예불 의례를 기준하여 상단(上壇), 중단(中壇), 하단(下壇)의 3단(壇)으로 나누었고, 문명대는 교리적 위계에 따라 불단(佛壇), 보살단(菩薩壇), 신중단(神衆壇)의 3단으로 구분했으며, 김정수는 신앙체계상의 3단(壇) 구성을 건축적 3단(段)과 대응시켜 해석하였고, 김봉열은 신앙적 측면에서 전각들의 분류를 기준으로 하되 건축적 위계를 고려하여 전각을 불단(佛壇), 보살단(菩薩壇), 신중단(神衆壇)의 3단으로 분류하고 있다. 여기서는 김봉렬의 분류를 따랐다. 이와 관련해서는 김봉렬, 「조선시대 사찰건축의 전각구성과 배치형식 연구–교리적 해석을 중심으로」, 서울대 박사논문, 1989. 8., p.31~33 참조

10　2007년 2월 3일 조사 당시 64년간 이곳에서 거주하였다고 밝힌 주지 제호(70세)와 면담하여 확인하였다.

11　지하실 축조로 인해 기단과 계단 및 고막이가 시멘트 마감으로 변형되어 있다. 현재 환기구가 없는 고막이는 이때의 변형 결과로 보인다.

12　건축물은 그 입면 구성상 크게 기단부, 축부, 공포부 그리고 지붕부로 나눌 수 있다. 이 글에서는 이러한 구성 순에 따라서 고찰하였다.

13　청계사 극락보전(경기도 시흥군 의왕면 청계리 산 11, 1900년 건립)이나 흥천사 명부전(서울 성북구 돈암2동 595번지, 고종 31년 건립)의 경우 기단 위에 下方上圓形 다듬돌초석 형태가 모두 드러나도록 구성되어 있다. 이에 반해 금보암 관음전의 경우 지하층 조성에 따른 기단 변화로 인해 현재 초석 전체가 드러나서 下方上圓形 다듬돌초석으로 보이고 있지만, 아래쪽 방형부의 다듬질 상태와 높이 상태를 고려하면, 원래 방형부는 기단 속에 묻히고 원형부만 드러나도록 되었을 것으로 판단되며, 따라서 원형 초석으로 보는 것이 당연하다고 하겠다.

14 조선 말 건립된 보살단에 해당하는 불전으로서 흥국사 영산전(남양주시 별내면 덕송리 331번지, 고종 29년 건립)의 경우 용꼬리와 함께 구성된 용머리가 주심포계의 헛첨차처럼 상부의 출목첨차를 받는 구조재로도 역할하고 있으며, 흥천사 명부전의 경우 용꼬리와 함께 구성된 용머리는 그 위에 별도의 구조재인 안초공이 있어 의장재 역할만을 하고 있다. 이와 관련한 상세 내용은 「조선시대말과 20세기 전반기의 사찰 건축 특성에 관한 연구」, p.47 참조

15 전체가 다포 양식인 흥국사 영산전이나 전면이 다포 양식인 흥천사 명부전에서 볼 수 있듯이, 용머리와 용꼬리가 모두 사용되는 경우는 다포 양식에서 나타난다. 앞의 논문, p.47 참조

16 조선 말 건립된 보살단에 해당하는 불전으로서 후기익공식으로 된 봉국사 명부전(서울 성북구 정릉2동 637, 고종 35년 건립)에서는 전면 어간 기둥 위에 용머리만을 꽂아 장식하고 있으며, 주불단에 해당하는 백련사 약사전(서울 서대문구 홍은동 321, 고종 28년경 건립)에서도 마찬가지로 되어 있다. 앞의 논문, p.47 참조

17 맞배지붕 불전인 보문사 관음전(서울 성북구 보문동 3가 168, 1930년 건립), 봉은사 영산전(서울 강남구 삼성동 73, 1942년 건립) 등에서는 용두나 취두 등의 지붕 장식 부재가 쓰이지 않은데 대해, 취두가 구성된 원통사 관음보전(서울 도봉구 도봉동 546, 1929년 건립)의 경우처럼 팔작지붕 불전에서는 지붕 장식 부재가 쓰인 것을 볼 수 있다. 앞의 논문, p.55 참조

18 위치와 관련하여 이 글에서는 건물 전면에서 바라본 관찰자의 시점을 중심으로 설명하였다.

132 앙코르와트 전면 전경

# 잠에서 깨어난
# 캄보디아의 진주, 앙코르

**캄보디아의 역사**

　캄보디아는 옛 이름이 크메르(Khmer)이며, 태양의 아들인 성스러운 은자 캄부(Kambu)와 천상의 공주 메라(Mera)와의 결혼으로 태어난[1] 태양족의 후예로 전하고 있다.

　6세기까지 부남(扶南)[2] : 서기 1세기경 타이 만 연안의 메콩강 하류 지역에 출현하여 해양 상업국으로 발전) 왕국에 예속되어 있었으나, 6세기 후반에 그 세력이 강대해지면서, 7세기의 이사나바르만 1세(Isanavarman I : 616~637)[3] 때 부남을 제패하여 현재의 캄보디아 중앙부부터 타이 남동부까지의 지역을 평정하기에 이르렀다. 자야바르만 1세(Jayavarman I : 657~681) 때에는 그 영토가 현재의 캄보디아 전 국토와 라오스 남부에 이르렀으나, 동 왕의 사후에 나라가 분열되었으며, 8세기 후반에는 자바 왕국의 지배를 받았다.

　그러나 9세기에 들어와 자야바르만 2세(Jayavarman II : 790~835)[4]가 시엠립

133 좌측편 연지에서 본 앙코르와트 전경

134 앙코르와트 회랑 벽체의 부조

(Siem Reap) 북쪽의 쿨렌산을 중심으로 마헨드라파르바타에 도읍하여 자바로부터의 독립 및 국토 통일을 이루었고, 왕을 신의 화신으로 숭배하는 신왕(神王) 숭배 신앙 Devaraja을 도입한 후 강력한 정복 국가가 되었다. 이후 시암(타이의 옛 이름) 왕국의 공격으로 앙코르가 1431년 함락되기까지 6백년 이상에 걸쳐 앙코르 시대(802~1431)가 이어졌다.

하지만 15세기 이래로 시암 왕국의 공격을 받아 앙코르를 버리고 프놈펜으로, 로베크로 또 우동으로 도읍을 옮겨갔는데, 그 과정에서 앙코르 등 여러 지역을 시암에 빼앗겼다. 또 그 타개책으로서 베트남 원조를 받기 위해 베트남의 왕녀와 결혼을 한 뒤로는 베트남으로부터도 침략을 받게 되었다. 19세기 중엽 이후에는 프랑스의 통치를 받기에 이르렀지만, 이를 기화로 시암과 베트남의 침입을 피하면서 1907년 앙코르 등을 일시 되찾았으며, 마침내 노로돔 시하누크(Norodom Sihanouk : 1941~1955, 1993~2004) 국왕의 노력으로 1941년 5월 조약에 의해 앙코르 등 시암에 재차 할양된 영토를 1946년 11월 영구 회복하였고, 1953년에 완전 독립을 이루었다.[5]

## 잠에서 깨어난 앙코르

이러한 역사의 굽이 속에서 앙코르는 밀림으로 뒤덮인 채 잊혀 있었다. 그런데 프랑스의 동식물학자이자 탐험가인 앙리 모어(Henri Mouhot)[6]가 1860년에 앙코르에 도착하여 탐사하던 중 숨진 후, 1863년 그의 일기가 '르 투르 뒤 몽드(Le Tour du Monde)'라는 프랑스의 한 잡지에 게재되어 서방에 널리 알려지게 되었다.[7]

## 세계문화유산으로 거듭난 앙코르

쿨렌산(Koulen Mountains)과 남쪽의 톤레삽 호수(Tonle Sap Lake)에 걸쳐 펼쳐진 앙코르 평원을 포함하는 고대 도시 지역인 앙코르는 그 면적이 거의 5,000㎢에 이르며, 1,000곳 이상의 고고학 유적이 발견되었다. 가장 번성하였던 시기에 앙코르는 약 2백만 명의 사람들이 거주했으며, 현재 이곳에서는 약 7만 명 가까운 이들이 살아가고 있다.

그런데 이곳 앙코르의 유적들은 밀림 속에 오랜 세월동안 방치되어 심각하게 훼손된 상태였다. 이에 1991년 노로돔 시하누크 국왕은 유네스코에 앙코르 지역을 보호 및 보존하는 국제적인 노력을 맡아 줄 것을 요청하였다. 이에 대하여 유네스코는 1992년에 3년 시한 안에 다음 5개항의 제시 조건을 이행할 것을 요구하였다.

첫째, 감시 및 조정을 위한 국제 보호 기구를 만들 것, 둘째, 적절한 상근 인원이 배치된 국가 관리 기구를 만들 것, 셋째, 문화유산 보호와 관련하여 문화재, 자연, 사람 등 모두 함께 어울려 살 수 있도록 영구 경계를 설정할 것, 넷째, 적절한 보호 법률을 제정할 것, 다섯째 주변에 공장 등 문화재에 손상을 줄 수 있는 요소들이 들어서지 못하도록 완충 구역을 만들 것 등이다.[8]

이들 조건이 기한 내 모두 충족됨에 따라 앙코르는 세계문화유산 목록 및 위험에 처한 세계유산에 그 이름이 올랐는데, 401㎢의 지역에 90개의 사원이 포함되었으며, 1995년 당시 세계문화유산으로 등재되면서, 1992년 지정된 것으로 소급 적용되었다.

## 캄보디아의 진주, 앙코르

앙코르에는 힌두교 사원 및 불교 사원 등의 종교 건축물, 왕궁과 그 부속 건축물, 거대한 저수조 등 고대 도시를 구성하였던 다양하고 많은 건축 유적들이 곳곳에 위치하고 있다. 시엠립 공항 북쪽의 앙코르와트로부터 프놈바켕[9], 박세이참크롱, 앙코르톰, 프레아칸, 네악포안, 타솜, 반테아이삼레, 프레룹, 스라스랑, 타프롬, 톰마논, 차오사이테보다 등 주요 유적이 연속적으로 이어져 있는 한편으로 그 외곽 지역에도 많은 유적이 산재하고 있다.

앙코르를 대표하는 유적의 하나는 앙코르와트(Angkor Wat)이다. 수르야바르만 2세 Suryavarman Ⅱ : 1113~1150 무렵)가 건설하여 비슈누에게 봉헌한 힌두교 사원으로. 동서 1.5km, 남북 1.3km의 규모로 담장으로 둘러싸였으며, 사면으로 190m 폭의 해자가 에워싸고 있다. 천상의 무희인 압사라를 예술적으로 표현한 부조와 웅대한 크메르의 신화를 묘사한 벽체의 부조, 정교하고 웅대한 석조 건축물의 아름다움은 널리 알려져 있다. 또한 이곳은 일출과 일몰을 즐기기 위해 많은 방문객들이 찾는 곳이기도 하며, 한밤 중 이곳 인근에 자리 잡고 바라보는 밤하늘의 별자리가 더없이 아름다운 곳이기도 하다.

하지만 지어진 후 오랜 세월이 지나면서 석재 표면의 침식 등 손상이 적지 않게 진행되어 지속적으로 보수하여 왔다. 오래 전 프랑스의 극동학원(École française d'Extrême-Orient)이 해자를 가로지르는 도로인 참도 등의 보수에 참여한 바 있으며, 최근에는 독일의 GACP German Apsara Conservation Project : 퀼른에 근거를 둔 비영리 기구)와 미국의 WMF World Monuments Fund : 1965년 창설하여 뉴욕에 본부를 둔 비영리단체)가 압사라 조각 보존 처리를 맡는 등, 여러 국가들이 그 보수에 참여하여 왔다.

**135** 앙코르와트 벽체에 부조된 천상의 무희 압사라

**136** 바욘 사원 전경

　앙코르와트를 건설한 수르야바르만 2세는 이밖에도 톰마논(Thommanon), 챠오사이테보다(Chao Say Tevoda), 반테아이삼레(Banteay Samre) 등 크고 작은 다양한 힌두교 사원 등을 건축했다.

　또 다른 대표적 유적의 하나인 앙코르톰(Angkor Thom)은 쟈야바르만 7세(Jayavarman Ⅶ : 1181~1220 무렵)가 앙코르와트 북쪽에 새로 건설한 도읍으로 높이 8m의 라테라이트 성벽으로 둘러싸여 있다. 그는 그 중심에 피라미드형의 바욘(Bayon) 사원을 만들었고, 도읍을 둘러싼 성벽과 5개의 문 및 왕궁 앞의 테라스

**137** 바욘 사원 전경

**138** 바욘 사원 중앙부 고푸라에 조각된 얼굴

를 완성했다.

   이 중 바욘 사원은 자야바르만 7세부터 자야바르만 8세(1243 무렵~1295)에 걸쳐 건립된 석조 불교 사원으로, 동서 156m, 남북 141m이며, 탑 49개(학자에 따라서는 54개로 주장) 중 현재 37개만 남아 있다. 탑 상부에 얼굴이 대개 4면에 조각되지만, 때로는 2면에만 있기도 하고, 중앙탑의 경우 더 많이 있음을 볼 수 있다. 여기에는 와세다대학이 일본 정부의 예산을 지원받아 앙코르 유적 관리 기구인 압사라(APSARA)청과 함께 그 보수에 참여하고 있다.

왕궁 앞에 있는 테라스의 경우 국왕이 군대를 사열하던 코끼리 테라스(Terrace of the Elephants)와 레퍼왕 테라스(Terrace of the Leper King)가 남북으로 이어져 있다. 실물 크기의 코끼리 부조와 조각으로 벽면을 채운 코끼리 테라스, 그리고 나가(일곱 개의 머리를 가진 뱀의 신)·가루다(성스러운 새)·신상 등으로 벽면을 가득 채운 레퍼왕 테라스에서 과거 화려했던 앙코르 문화의 일단을 읽을 수 있다. 프랑스 극동학원이 프랑스 외무부 재정 지원을 받아 1993년부터 1999년까지 그 보수를 하였다.

앙코르톰을 건설한 자야바르만 7세[10]의 경우 그의 성장 과정과 업적을 전하는 돌 비문이 매우 많아 많은 것이 알려져 있다. 외교 및 용병술에 뛰어났던 그는 탁월한 지도력으로 1190년에 마침내 숙적인 참파(베트남 남부에 참 족이 세운 나라. 15세기 후반 베트남에 정복당함)를 항복시켰다. 대승불교를 신봉했던 그는 반테아이끄데이(Banteay Kdei), 타프롬(Ta Prohm), 프레아칸(Preah Khan), 타솜(Ta Som) 등 많은 불교 사원과 승원을 만들었다.

수르야바르만 2세와 자야바르만 7세가 만든 사원에서 알 수 있듯이 앙코르의 종교 건축물은 왕의 신앙에 따라 그 성격이 결정되었다. 대부분 힌두교 사원 또는 불교 사원으로서, 힌두교 사원의 경우 대개 비슈누[11]나 시바[12] 혹은 브라흐마[13]에 봉헌된 것을 볼 수 있다. 그리고 신왕(神王) 숭배 신앙(Devaraja)도 종교 건축의 특징을 결정짓는 매우 중요한 요소가 되었는데, 야소바르만 1세(889~920)[14]가 건립한 힌두교 사원인 롤레이(Lolei) 사원의 경우 탑 중앙에 그 주요 상징인 링가(신과 왕이 합치한 시바신의 상징인 남근)를 설치하여 이에 성수를 부으면 사방으로 흐르도록 구성되었다.

139  실물 크기의 코끼리 부조와 조각으로 벽면이 채워진 코끼리 테라스 전경

140  레퍼왕 테라스 전경

이들 앙코르 지역 내 유적은 앙코르 유적 보호 및 조정을 위해 만든 국제적 보호 기구인 국제조정위원회(ICC : International Coordinating Committee for the Safeguarding and Development of the Historic Site of Angkor)의 적극적인 역할 아래, 이에 참여한 국가들에 의해 보수가 이루어지고 있다. 바푸온(Baphuon) 사원은 프랑스의 극동학원, 프레룹(Pre Rup)은 이탈리아의 I.GE.S(Ingegneria Geotecnica e Strutturale), 프레아코(Preah Ko)는 독일의 GACP(German Apsara Conservation Project : 쾰른에 근거 둔 비영리 기구), 타프롬(Ta Prohm) 은 인도의 ASI(Archeological Survey of India : 고고학 연구 및 문화유산 보존 책임을 맡고 있는 인도 문화부 소속 정부 기관)가 맡고 있다. 각 나라의 문화재 정책과 경제 여건이 반영된 보수가 이루어지면서, 프랑스의 극동학원이 맡고 있는 바푸온 사원의 경우 유적 보수에 콘크리트가 적극 사용되고 있고, 인도의 ASI가 맡고 있는 타프롬의 경우 중앙부는 지속적으로 붕괴되는 가운데 맨 앞과 뒷부분만 보수가 진행되고 있다. 문화재 분야에서 국력의 중요성을 역설적으로 알려준다.

141　롤레이 사원의 링가

142 롤레이 사원 모습

143 콘크리트가 타설된 바푸온 사원 상부

144 물이 담겨진 네악포안 사원

　이런 중에도 앙코르의 경사 지형을 활용하여 우기 때 빗물을 흘려보내면서 저수지 및 사원 등에 빗물이 저장되도록 한 고대의 배수로를 부분적으로나마 보수하여 북쪽에 위치한 저수지인 노던바라이(Northern Baray)에 저장되는 물 용량이 크게 증가되고 12세기말 건립된 불교 사원인 네악포안(Neak Pean)에도 원래대로 물이 담기게 되는 등 상당한 가시적 성과도 볼 수 있다.

　한국 정부에서도 앙코르 지역 내 급증하는 교통 차량으로 인한 진동 유발과 대기 오염 등으로부터 유적 훼손을 방지하고 지속 가능한 활용을 지원하기 위해 2005년부터 2012년까지 1,420만 달러의 예산을 투입하여 유적 주변으로 36km에 이르는 순환도로를 건설하고 있다. 일본 정부(JSA)의 경우 1999년부터 2011년까지 유적 보수를 위해 지원한 예산은 420만 달러였다[15].

　오늘날 이곳 앙코르를 가장 많이 찾는 외국인은 한국인이다. 장군총을 비롯한 많은 석조 피라미드를 남긴 고구려의 후예이기에 위대한 석조 유산을 간직한 앙코르에 문화적 동질성을 느끼기 때문이리라.

# 주석

\* 「문화재사랑」 2011년 7월호에 발표한 원고를 바탕으로 내용 추가함

1 The inscription also says about the country clearly of "Kampujadesa" and the legend of conection names between hermit Kambu married to the princess Mera a beautiful woman from heaven, whose given birth to the people of Khmer the Baksei Chamkrong mean in Cambodia is "The birth with sheltering wings".(http://vuthyguide.wordpress.com/2011/06/08/basei-cham-krong/)

2 1세기경 출현하여 6세기에 진랍(중국어로 첸라)국에 병합된 캄보디아의 고대 힌두 왕국으로 오늘날의 베트남·타이·캄보디아를 포괄하는 영토로 이루어짐. '山'이라는 뜻의 Pnom을 중국어로 음역하여 푸난(Funan)이라고도 함. 상세 내용은 「브리태니커백과사전」(http://preview.britannica.co.kr/bol/topic.asp?article_id=b23p3769a) 참조.

3 고대 국가 이래로 캄보디아 왕조 연대표와 계보 등 상당수 역사적 연구는 이 지역에 진출한 프랑스인들의 석비 명문 연구 자료 등에 바탕하여 정리되어 있으나, 자료의 한계 등으로 연구자들에 따라 국왕 재위 기간 규정에 차이를 보이고 있다. 이 글에서는 7세기의 경우 중국 역사서(「新唐書」 卷 222 下 「扶南」, 「舊唐書」 卷 169 「眞臘」 등)에 따랐고, 8세기 말 자야바르만 2세 이후부터 14세기까지는 극동학원(École française d'Extrême-Orient)의 일원이며 고고학자로서 앙코르 복원 공사에 참여했던 Claude Jacques의 저서(사진 Michael Freeman · 글 Claude Jacques, 「Ancient Angkor」, River Books, 2003) 내용을 따랐다.

4 크메르(지금의 캄보디아) 제국의 창건자. 자바인들에게 맞서 802년 크메르의 독립을 선포하면서 데바라자, 즉 신왕(神王)으로 힌두 의식에 따라 즉위하였던 그는 캄보디아 왕국을 신격화하였고, '데바라자교'를 공식 국교로 제정하였으며, 구진랍 왕국을 정복하여 크메르 제국으로 재통일하는 등 많은 업적을 남김. 상세 내용은 「브리태니커백과사전」(http://preview.britannica.co.kr/bol/topic.asp?article_id=b18j2337a) 참조

5 이에 대한 상세한 내용은 今川達雄·川瀨生郎·山田基久, 「アンコールの遺跡·カンボジアの文化と藝術」, 霞ケ關出版株式會社, 1969, p.43~56 참조. 관련하여 저자 중 한 명인 이마카와(今川達雄)는 1955년 와세다대학 졸업 후 1956년 4월 외무성에 입사하여 1957년 4월부터 1965년 3월까지 재캄보디아대사관에 근무하였고, 1965년 4월부터 외무성 아시아국 남동아시아과에 근무하였으며, 이러한 경력에 근거하여 이 책을 집필하였다.

6 1826년 태어나 1861년 사망

7  최규학·임진택·김남응, 「앙코르 왕국의 사원건축에 나타나는 배치특성에 관한 연구」, 대한건축학회 학술발표논문집 제24권 제1호, 2004.4.24, p.453 ; '08~'09 地球の步き方 アンコールワットとカンボジア, 2008, p.12 ; 崔炳夏, クメール王朝アンコール期の宗敎建築における建築構法の發展に關する硏究, 日本大學 博士學位論文, 2001.1 p.4 참조.

8  http://www.unesco.org/new/en/phnompenh/about-this-office/single-view/news/angkor_world_heritage_site및 http://whc.unesco.org/archive/repcom92.htm#angkor 참조.

9  프놈바켕은 초기 유적지로 해발 65미터인 인드라(힌두교의 천둥과 번개의 신. 우리나라에서는 제석천을 말함)의 산에 있다. 9세기 후반, 롤루오스에서 이곳 야소다라푸라는 도시를 만들어 도읍을 옮긴 야소바르만 1세는 도시의 중심인 이 산에 신전을 만들었다. 즉 산과 건축물을 조화시켜 우주의 중심인 메루 산을 형상화 시키고 지성소에 힌두교 파괴의 신인 시바신을 봉안하였다. 주변에 우주의 대양을 뜻하는 해자가 있었다고 한다. 1960년대까지만 해도 코끼리를 타고 올라가는 낭만이 있던 이 사원은 특히 앙코르 전경과 정글 위로 떨어지는 붉은 낙조를 바라보기 위해 일몰 시간에 많이 올라간다. 원래 이 사원에는 중앙에 지성소인 큰 탑이 있고, 사방에 4개의 탑, 주변에 104개의 탑등 모두 109개의 탑이 있었다고 한다. (http://www.rancet.com/travelg/angkor/angkor15.htm)

10 대승불교도였던 쟈야바르만 7세는 반테아이끄데이(Banteay Kdei), 타프롬(Ta Prohm), 프레아칸(Preah Khan), 스라스랑(Sra srang), 타솜(Ta Som) 등의 불교 사원과 승원을 건조했고, 챰파의 침공으로 폐허가 된 야소다라프라의 수도를 재건했다. 이것이 앙코르톰(제3 앙코르)이며, 그 중심에는 피라미드형 사원 바욘을 건조하여, 수도를 둘러싼 성벽과 5개의 문 및 왕궁 앞의 테라스를 완성했다. 또한 102개소에 병원을 건설하였고, 주요 세 곳의 가도에 약 15km 간격으로 121개소의 숙박소를 설치했다. 이 시기에 영토는 가장 광대하게 되었으며, 원정에 의한 다수의 전리품과 포로가 속속 앙코르에 들어왔다. 「アンコールの遺跡·カンボジアの文化と藝術」, p.50~51 참조

11 힌두교의 세 主神의 하나. 세계의 질서를 유지하는 신으로 후에 크리슈나로 화신한다.(출처 : 국립국어연구원, 표준국어대사전)

12 힌두교의 세 주신(主神) 가운데 하나. 파괴와 생식의 신으로, 네 개의 팔, 네 개의 얼굴, 그리고 과거·현재·미래를 투시하는 세 개의 눈이 있으며, 이마에 반달을 붙이고 목에 뱀과 송장의 뼈를 감은 모습을 하고 있다.(출처 : 앞의 자료)

13 브라만교에서 창조를 주재하는 신. '범(梵)'이라고 번역하여 부른다.(출처 : 앞의 자료)

14 크메르 왕국 초기, 야소바르만 1세는 외적의 침범에 대비한 강력한 수도를 원하여 롤루오스를 버리고 이곳 앙코르 지역의 바켕 산을 둘러 새 수도 야소다라푸라(Yasodharapura)를 건설하여 천도한 이래로, 수도 중심에 솟은 바켕 산에 시바 신에게 헌납하는 신전을 짓는 등(http://goangkor.com.ne.kr/ankor/an-bakeng.html) 여러 신전을 건립하였다.

15 이는 2009년 12월 15일 개최된 ICC 국제조정위원회 제16차 본회의(Plenary Session)에서 발표된 내용이며, 필자는 문화재청을 대표하여 옵저버 자격으로 ICC총회에 2007년 제14차 본회의부터 2009년 제16차 본회의까지 참관하였다.

## ICC 16차 본회의 주요 참석 기관

**Ad Hoc Group of Experts**
- 1997년 앙코르 보존과 관련된 포괄적 의제뿐 아니라 앙코르와트 서참도의 붕괴와 같은 구체적 문제들에 대한 기술적 해결책에 관하여 APSARA청 자문을 위해 설립

**ASI** (Archeological Survey of India)
- 고고학 연구 및 문화유산 보존 책임을 맡고 있는 인도 문화부 소속 정부 기관
- 1784.1.15 설립, 영국 고고학자 William Jones 경의 Asiatic Society를 계승
- ASI는 1861년 영국 식민 통치하에서 현재 모습으로 바뀜
- 1958년 The Ancient Monuments and Archaeological Sites and Remains Act 규정을 제정. 1972년 Antiquities and Art Treasure Act 제정
- 타프롬(Ta Prohm) 유적 보수 복원
- 홈페이지 http://asi.nic.in/

**BSCP** (Banteay Srei Conservation Project)
- SDC(Swiss Agency for Development and Cooperation)와 Apsara청 당국 간 합동 보존 프로젝트로서 2002년부터 시작
- 건축가, 기술자, 고고학자, 전문가 및 학생들이 참여하여 SDC-APSARA 공동 작업 내 전형이 되는 유적 보존 방법 및 기술을 숙련
- 홈페이지 http://www.autoriteapsara.org/en/apsara/about_apsara/projects/bscp.html

**CSA** (Chinese Government Team for Safeguarding Angkor)
- CSA는 중국국립문화재연구소(Chinese National Institute of Cultural Property)의 보존복원과학기술센터(Scientific and Technological Centre for Conservation and Restoration)에서 온 일단의 전문가들로 구성
- 타 케오(Ta Keo) 및 차우 사이 테보다(Chau Say Tevoda) 사원의 보존 복원 작업에 참여
- 홈페이지 http://www.culturalprofiles.org.uk/cambodia/Units/405.html

**DED** (Deutscher Entwicklungsdienst German Development Service)
- 1963년 창설. 톤레삽(Tonle Sap)강과 남쪽 지역의 타케오(Takeo) 및 캄폿(Kampot) 등을 중심으로 농촌 개발과 건강 향상 및 관리 등에 중점을 두고 다양한 사업 시행. 이스트메본(East Mebon) 사원의 코끼리상 복원 담당
- 홈페이지 http://cambodia.ded.de/

**EFEO** (École française d' Extrême-Orient)
- 1907년 앙코르, 바탐방 등 프랑스령 확장에 따라, EFEO가 앙코르 유적 복원 작업 시작
- 프랑스 외무부 재정 지원을 받아 앙코르톰의 왕실 테라스 Royal Terraces of Angkor Thom 및 바푸온 Baphuon 보수
  · 레퍼왕 테라스 Terrace of the Leper King : 1993-6 보수
  · 코끼리 테라스 Terrace of the Elephants : 1996-9 보수
  · 바푸온 Baphuon 사원 : 1995~2009년 현재 보수 중
- 홈페이지  http://www.efeo.fr/

**ERDAC** (Environment Research Development Angkor Cambodia)
- 일본이 설립하여 앙코르 지역 환경 연구 참여

**GACP** (German Angkor Conservation Project)
- 쾰른의 University of Applied Sciences에 근거를 둔 비영리 기구로서, 앙코르와트의 부조 등을 보존하기 위한 목적으로 설립
- 주로 독일 외무부가 자금 지원
- 앙코르와트(Angkor Wat)와 바욘(Bayon)의 부조 기록화와 보존작업, 프레아코(Preah Ko)와 롤레이(Lolei)의 성소(sanctuaries) 보존 작업을 최근 수행
- 홈페이지  http://www.gacp-angkor.de/

**GHF** (Global Heritage Fund)
- 개도국의 주요 세계 문화 유산 보존을 위해 2002년 설립된 비영리 단체. 캘리포니아에 본부 둠
- 홈페이지 http://www.globalheritagefund.org/

**GOPURA TEAM**
- 체코공화국(Czech Republic) 설립
- 피메아나카스(Phimeanakas) 사원의 사자상 및 코끼리상 복원 담당
- 홈페이지
  http://portal.unesco.org/fr/ev.php-URL_ID=44075&URL_DO=DO_TOPIC&URL_SECTION=201.html

**ICCROM** (International Centre for the study of the Preservation and Restoration of Cultural Property)
- 국제문화재 보존 복구 연구센터
- 1956년 제9차 UNESCO총회 결의에 의거, 1959.5 로마에 설립된 정부간 국제기구
- 홈페이지 http://www.iccrom.org/

**ICOM** (International Council of Museums)
- 1946년 창설된 NGO기구. 현재와 미래 유무형의 세계 자연 및 문화유산 보존, 지속 및 사회에의 통로를 맡은 박물관 및 관련 직업 전문가들의 국제기구
- UNESCO와 공식적 관계 유지 및 UN 내 경제사회위원회와 자문적 지위, 151개국 2만6천명 회원, 유네스코의 박물관 대상 프로그램에 대한 역할 수행
- 의장은 M. Vann Molyvann
- 홈페이지 http://www.chin.gc.ca/Applications_URL/icom//natcom/cambodia.html

**I.GE.S** (Ingegneria Geotecnica e Structural snc)
- 이탈리아팀. 앙코르와트 보수

**JASA** (JAPAN-APSARA Safeguarding Angkor)
- 2005년 JSA 및 APSARA 간 협약 아래 앙코르 유적 보호를 위해 시작한 제3단계 프로젝트
  ※ 1994년 일본 정부가 앙코르유적 보호를 위해 JSA(Japanese Government Team for Safeguarding Angkor) 설립, 그 외 유네스코/일본 신탁 기금(UNESCO/Japan Trust Fund) 설립을 통해 자금 지원
- 홈페이지 http://www.angkor-jsa.org/about/index.html

**NZAid** (New Zealand Agency for International Development)
- ODA 사업을 담당하는 뉴질랜드 외교통상부 소속 부서
- 홈페이지 http://www.nzaid.govt.nz/about/

**RAF** (Royal Angkor Foundation)
- 헝가리 설립
- 코커(Koh Ker)에서 고고학 조사 담당
- 홈페이지 http://www.angkor.iif.hu/

**UNESCO** (United Nations Educational, Scientific and Cultural Organization)
- 국제 연합 교육 과학 문화 기구
- 1945년 헌장 채택. 1946년 파리에서 제1차 총회 개최
- 홈페이지 http://portal.unesco.org/

**WMF** (World Monuments Fund)
- 1965년 미군 퇴역 대령 James A. Gray(1909~1994)가 창설, 처음 International Fund for Monuments였으나, 1985년 현재의 명칭으로 바꿈
- 뉴욕에 본부를 둔 비영리단체로서 1989년 캄보디아 정부 요청으로 업무 시작(미국 문화부 지원 많이 받음)
- 1965년 이후 91개국 500여곳 이상의 유적에서 활동
- 프레아칸(Preah Khan), 앙코르와트의 우유 바다 휘젓기 부조(Churning of the Sea of Milk, Angkor Wat), 타솜(Ta Som), 프놈바켕(Phnom Bakheng) 등 보수·복원 담당 및 크메르학 센터 Center for Khmer Studies 운영
- 홈페이지 http://www.wmf.org/
  〈프놈바켕 관련 사항 http://www.wmf.org/project/phnom-bakheng〉

## 기타 참석 기관
- University of Bonn, Germany; University of Sydney, Australia 등

145 이세신궁 내궁 전경(출처 : ⓒby ajari, www.flickr.com)

## 20년 주기로 재건되는
## 이세신궁 伊勢神宮

 이세신궁(伊勢神宮)[1]은 일본 미에켄(三重縣) 이세시(伊勢市)에 있으며, 일본 내 약 8만개 신사를 포괄하는 종교법인인 신사본청(神社本廳)의 으뜸 신사로서, 과거에 국가의 중대사 때 조정으로부터 특별히 공물을 봉납 받던 22개 신사[2] 중 하나이다.

 내궁(内宮：皇大神宮. '코오타이진구우'라고도 함)과 외궁(外宮：豊受大神宮. '토요우케다이진구우'라고도 함)으로 구성되어 있다. 내궁은 코오타이진구우(皇大神宮)라고 하며, 일본 왕실의 조상신인 아마테라스오오미카미(天照大御神)를 봉안하고 있다. 내궁보다 격이 낮은 외궁은 토요우케다이진구우(豊受大神宮)라고 하며, 농사를 담당하는 여신인 토요우케노오오미카미(豊受大御神)를 주신으로 봉안하고 있다.

 내궁과 외궁의 두 궁은 약 6km 떨어져 있으며, 각 궁별로 별궁(別宮. 베쯔구우), 섭사(攝社 셋샤), 말사(末社. 맛샤), 소관사(所管社. 쇼칸샤)가 구성되어 있다.

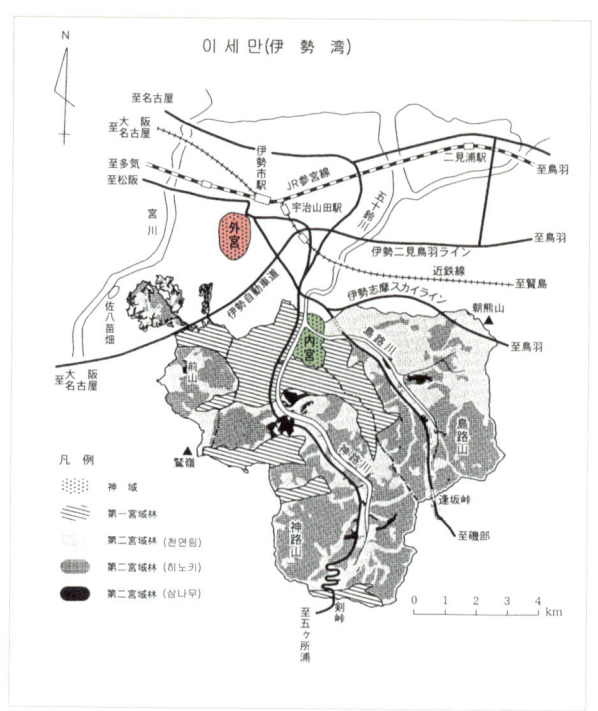

**146** 신궁 주변 현황(출처 : 神宮司廳營林部, 神宮宮域林)

    신역(神域)을 이루는 이 두 궁 주변으로는 신궁을 둘러싼 삼림 구역인 신역림(神域林)이 있으며, 또한 신역림 주변 삼림 구역인 궁역림(宮域林)이 구성되어 있다.

    이 신궁은 일정 주기(현재 20년)로 중심 신역 재건을 반복하는 식년천궁(式年遷宮)으로, 재건 후 새로 지은 건물로 신체(神體)를 옮기는 이운 행사를 하여 왔는데, 이에 대한 기록을 통해 창건 시기가 690년인 것을 알 수 있다. 초창 후에는 대략 20년마다 재건되어 오다가, 791년 발생한 화재 후에는 그 이전과 관계없이 791년을 기점으로 재건되었다. 헤이안(平安) 시대부터 카마쿠라(鎌倉) 시대 말인 1323년까지는 19년마다 재건되었고, 그 후 1431년까지는 20년마다, 그리고 1462년까지는 31년마다 재건되었으나, 오우닌(應仁)의 난(1467~1477) 이래의 전국(戰國) 시대에 접어든 후 1585년까지 120여 년간에 걸친 전란 기간에는 재건이 중단되었다.

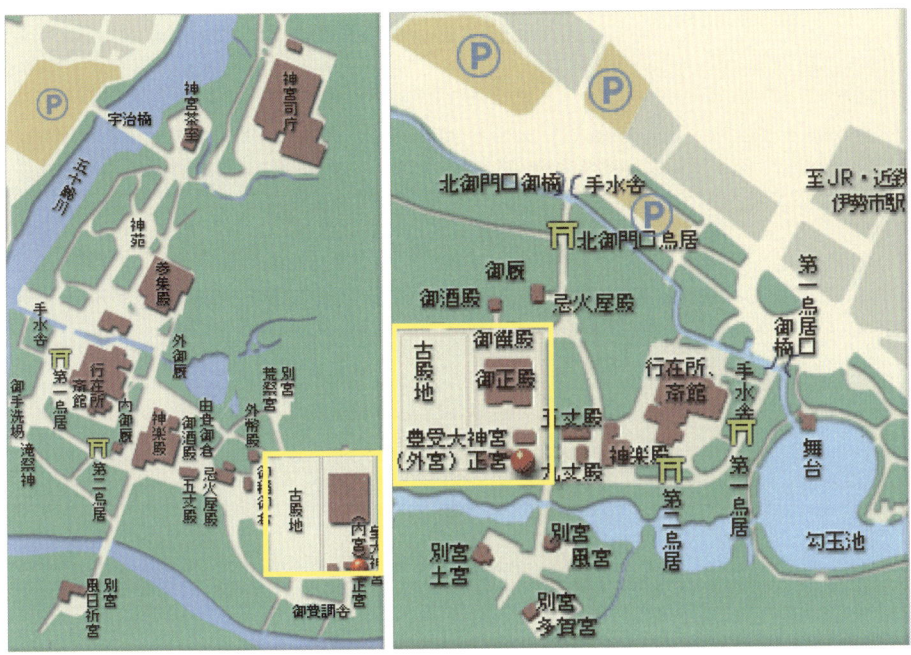

147 이세신궁 내궁(왼쪽) 및 외궁(오른쪽) 주변현황 (출처 · http://www.isejingu.or.jp)

1629년 이후부터 현재까지는 제2차 세계대전 당시를 제외하면 20년마다 재건되어 왔으며, 최근 2013년에 62번째 재건을 하고나서 이해 10월에 제62회 신체 이운 행사를 하였다[3].

내궁과 외궁의 중심 신역은 새롭게 재건되어 그 안의 건축물 등은 모두 신축된 것이므로, 그 가치를 찾는다면 무형의 전통 기법 계승에 있다고 하겠다. 그런데, 이 전통 기법은 전국 시대의 전란(戰亂) 속에 오랜 기간에 걸친 재건 중단으로 단절된 바 있으며, 16세기 말 이후의 기법이 계승되어 현재에 이르므로, 이에 따라 현재 재건된 신궁의 건축 기법은 일본 내 학자에 따라 이 시기의 것으로 보고 있다.

신궁 재건은 신궁사청(神宮司廳) 내 신궁식년조영청(神宮式年造營廳)을 두어 시행하는데, 중심 신역 재건 외에도 주변 부속 건물에 대한 지붕재 교체를 하고 있다.

| A 영역 | B 영역 |
|---|---|

　　　　　　　　　　　신궁 재건 방식을 보면, 내궁과 외궁 모두 두 영역으로 동일하게 나뉘어 있는 중심 신역에서 20년마다 교대로 재건을 행하고 있다. 구체적으로는 20년째가 되면 A 영역의 건축물과 담장 등을 그대로 B 영역에 재건하게 되며, 이후 15년 동안 A 영역과 B 영역에서 이들 건축물과 담장 등이 동시에 함께 존속하다가, 15년째가 되는 해에 기존 A 영역에 있던 건축물과 담장 등을 모두 해체하여, 이후 5년 동안은 B 영역에만 건축물과 담장 등이 존속하게 된다. 그 중심 건물인 정전 건축물은 정면3간 측면2간 규모에 샛지붕으로 되어 있으며, 땅에 기둥 구멍을 내고 여기에 기둥 밑동을 넣어 세우는 굴립주 방식으로 되어 있다.[4]

　이에 사용되는 예산을 보면, 1993년 시행된 61회 식년천궁의 경우 327억 엔에 달하며, 노송나무(檜)에 55억 엔, 금동(金銅) 철물에 19억 엔을 지출하고 있다.[5] 이처럼 많은 예산을 투입하여 재건을 추진하는 이유로는 일본 왕실의 조상신에 대한 봉헌과 더불어 눈에 보이지 않는 무형의 전통 기법 계승을 위해 지속하는 것을 볼 수 있다. 하지만 건축적으로 굴립주 방식이고 샛지붕이어서 기둥 하부와 지붕재가 쉽게 부식되므로, 일정 주기로 계속 새로 지을 수밖에 없는 구조적 취약점도 간과할 수 없다.

　이와 관련하여 20년 주기로 정한 이유로는 일본 내 건축사 분야에서 지붕 재료의 내구 연한으로 정해졌다는 설이 유력하다. 그리고 교체를 확실히 하기 위한 수단으로서 주기적인 재건 제도가 도입되었는데, 그 이유로 "신사 건축은 항상 새롭지 않으면 안 되었다"라고 하는 건축관이 근본에 있었음이 오오타히로타로오(太田博太郎 : 1912~2007. 일본 건축사가)의 「式年造替制私考」에 밝혀져 있다.[6]

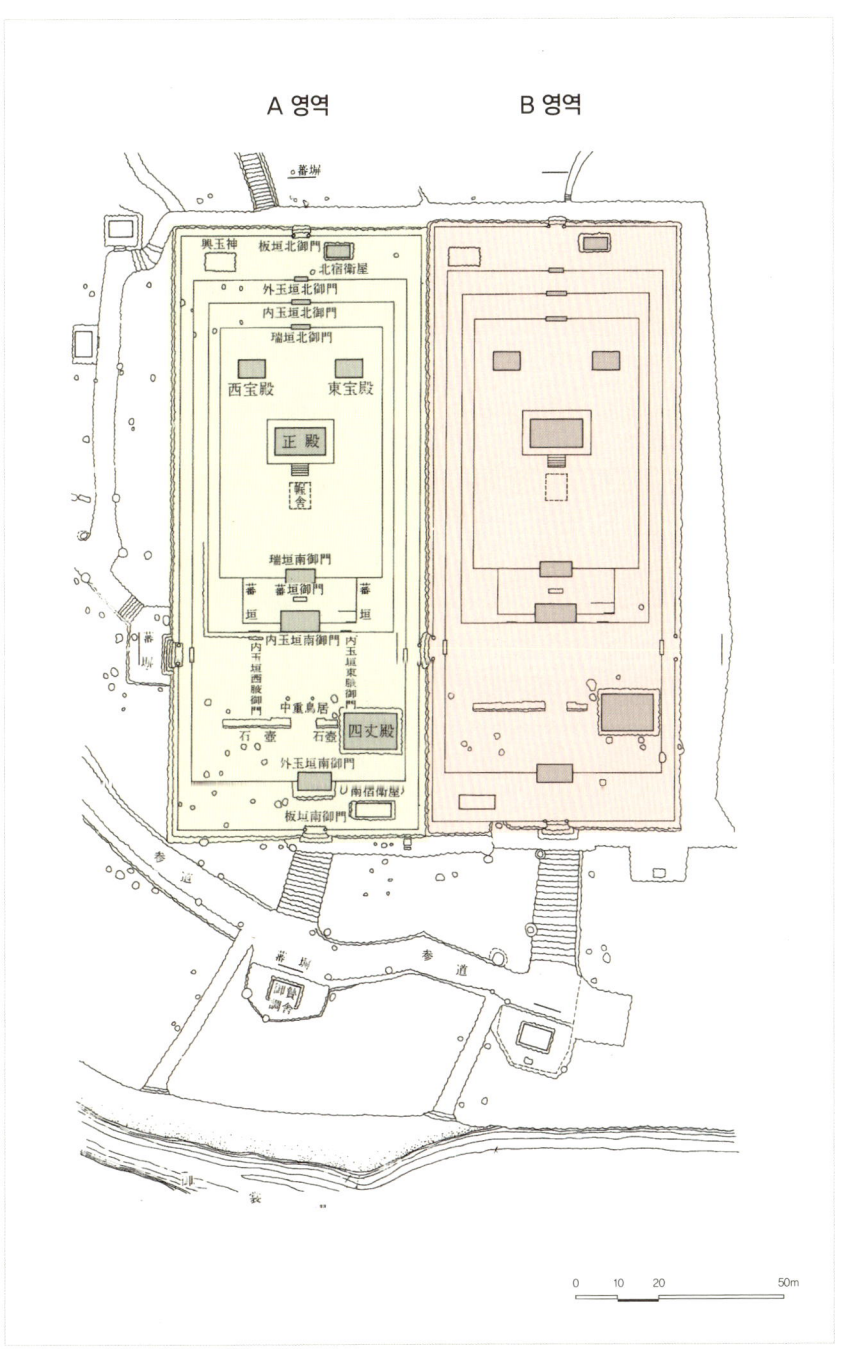

**148** A, B 영역 모두 존속 중인 이세신궁 내궁 배치도(日本建築史圖集 新訂版 참조)

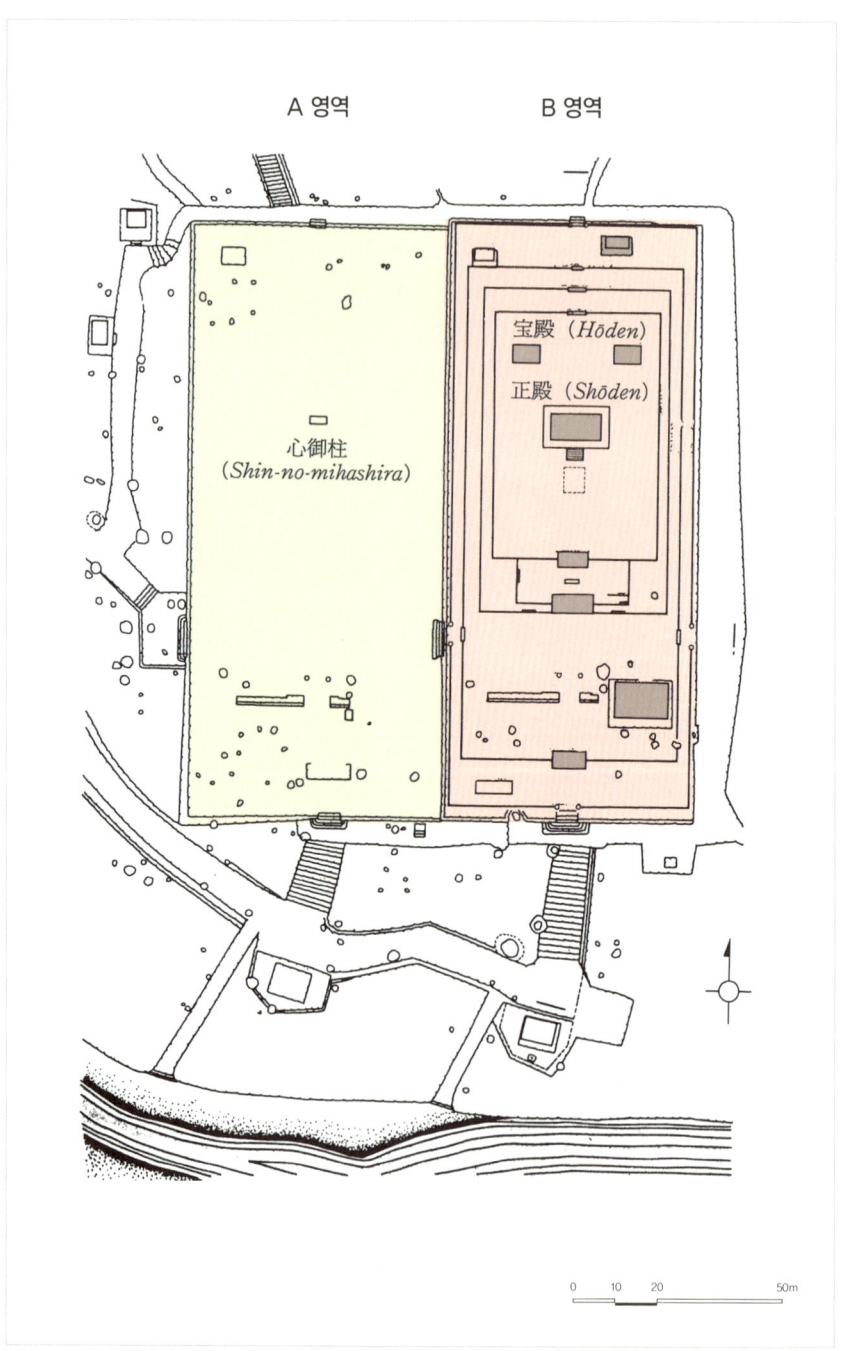

**149** 61회 재건 후 B 영역에만 존속하는 이세신궁 내궁 배치도(新版 日本建築圖集 참조)

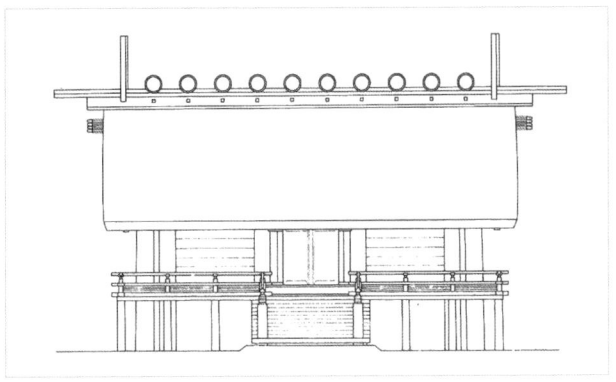

150

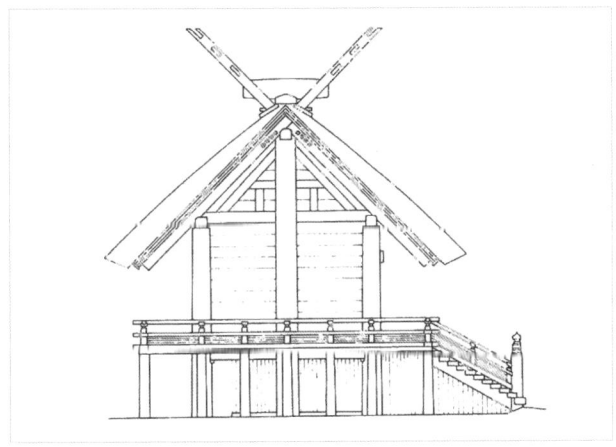

151

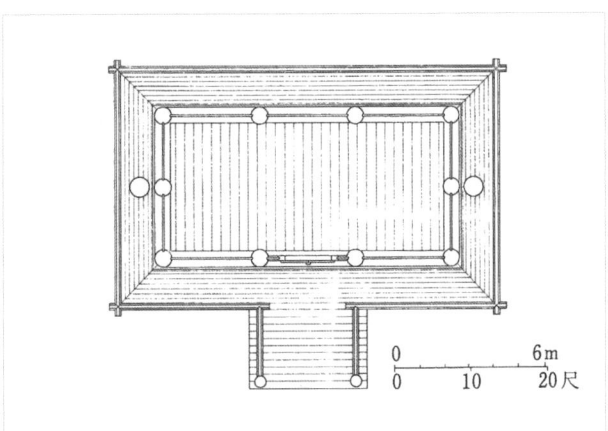

150 이세신궁 내궁 정전 정면도
151 이세신궁 내궁 정전 좌측면도
152 이세신궁 내궁 정전 평면도

(日本建築史圖集 新訂版 참조)

152

# 주석

1 이세신궁은 일본 왕실의 조상신을 봉안한 신사이다. 일왕을 최정점에 둔 신도 국가를 지향하여 무인 정권의 에도 정부를 무너뜨리고 성립된 메이지 정부 아래서 신사로서 최고 지위를 갖고서 체계적으로 관리되어 왔으며, 이 시기 일본 해군 함대가 참배하였던 곳으로서 당시의 국가 권력과 깊이 연결되어 있다. 현재 궁내청 이외의 간섭을 피하기 위하여 문화재로 지정 않고 관리 중이며, 성역화된 공간으로서 참배자는 바깥 담장인 외옥원(外玉垣 : 南御門)까지만 들어갈 수 있다.

2 이는 上7社, 中7社, 下8社의 22개 신사로서 다음과 같다.
   - 上7社 : 伊勢神宮(三重縣) / 石清水八幡宮(京都府) / 賀茂別雷神社·賀茂御祖神社(京都府) / 松尾大社(京都府) / 平野神社(京都府) / 伏見稻荷大社(京都府) / 春日大社(奈良縣)
   - 中7社 : 大原野神社(京都府) / 大神神社(奈良縣) / 石上神宮(奈良縣) / 大和神社(奈良縣) / 廣瀬大社(奈良縣) / 龍田大社(奈良縣) / 住吉大社(大阪市)
   - 下8社 : 日吉大社(滋賀縣) / 梅宮大社(京都府) / 吉田神社(京都府) / 廣田神社(兵庫縣) / 八坂神社(京都府) / 北野天滿宮(京都府) / 丹生川上神社·丹生川上神社上社·丹生川上神社下社(奈良縣) / 貴船神社(京都府)

3 浜島一成, 「伊勢神宮を造った匠たち」, 吉川弘文館, 2013.9.1, p.3-15

4 이는 필자가 니혼대학에서 객원연구원으로 있으면서 2003년 10월 20일자 하마지마카즈나리(浜島一成) 선생의 강의 내용을 청취하여 정리한 자료를 바탕으로 작성하였다.

5 浜島一成, 앞의 책, p.5

6 浜島一成, 앞의 책, p.15~16

제 3 부

역사가 전하는 건축 문화재 이야기

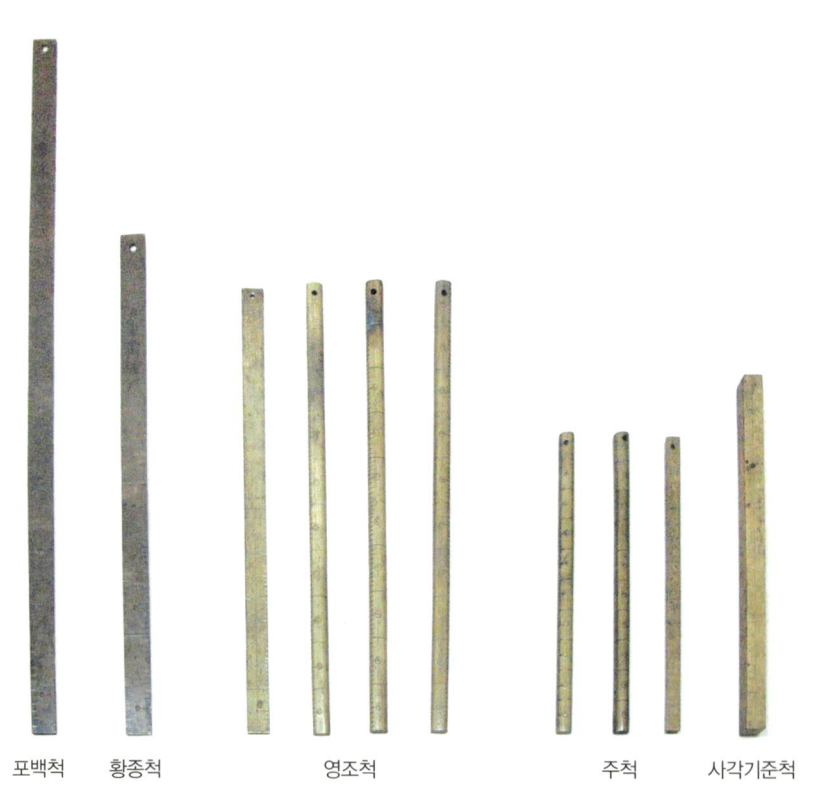

153 고궁박물관 소장 조선 시대 놋쇠자 모습

[　]

## 전통 단위의 의미

　동서양을 막론하고 역사를 지닌 민족에게는 오랜 세월 속에서 형성된 자신들의 고유한 치수 기본 단위가 있다.

　서양이 그들 역사의 뿌리로 삼고 있는 이집트에서는 손가락의 길이에서 유래한 디지트(Digit), 한 손의 폭에서 유래한 팜(Palm), 그리고 팔꿈치에서 중지 끝까지의 길이를 나타낸 대(大) 큐빗(Royal Cubit)이 기본 단위가 되었다.[1]

　이러한 신체를 기준으로 한 치수 개념은 고대 그리스 이래로 서양 전역에서 오늘날까지 이어져 사람의 발 길이를 측정 기준으로 삼은 피트가 서양에서는 일반화된 기본 단위가 되었다. 이 피트는 과거 사람의 발 크기의 차이로 인해 25cm~34cm로 다양했으나, 미국에서는 1893년 피트를 미터로 환산해서 사용하기 시작하여 1959년부터 1피트를 30.48cm로 정하여 사용하고 있다.[2]

　사람이 살아가는 건축물에서 신체를 기준으로 삼은 이러한 치수 기본 단위는 매우 중요하다. 사람을 건축의 중심으로 삼고 있음을 의미하기 때문이며, 이는 곧 민족에 따라 고유한 건축 문화를 이루는 바탕이 되기 때문이다.

기본 단위의 조합과 분할을 통해 형성된 계단 높이, 문 높이, 천장 높이, 창호 및 건물 크기 등 건축 각 부분의 치수는 오랜 세월에 걸쳐 민족에 따라 고유하게 형성되어 그 문화의 근저를 이루게 된다. 민족마다 전통 건축의 고유성을 느낄 수 있는 밑바탕이 되는 것이다.

이와 같은 기본적인 의식이 있기에 1875년 5월 20일 국제 규준에서 미터법을 제정하였지만[3], 서양의 건축 분야에서는 지금도 신체를 기준으로 한 기본 치수인 피트를 사용하여 건축 치수 계획을 행하며, 그들 고유의 문화를 계승해 나가고 있다. 그리고 미터법이 제정된 시기는 제국주의의 팽창기로서 식민지 시장을 자신들의 시장 속에 흡수하기 위해 도량형 통일이 절대적으로 필요한 시기였으며, 또한 서구 열강 간의 시장 교류를 위해서 보조적으로 이용될 수 있는 상호 공통된 단위가 필요한 시기였다.

반만년 역사를 간직한 우리나라에서는 한 뼘 길이에서 유래한 자(尺)와 손가락 마디 길이에서 유래한 치(寸, 1/10尺) 등 신체에서 비롯한 치수 단위가 사용되어 왔으며, 자가 기본 단위가 되었다. 오늘날 한 자는 30.3cm이지만 시대에 따라 고려척(삼국 시대 약 35.6cm[4]), 영조척(고려 시대 약 30.7~31cm, 조선 시대 약 30~31.2cm[5]), 주척(신라 및 고려시대 약 19.4cm[6], 조선 세종 약 20.7cm[7]) 등 우리 신체 기준에 맞는 다양한 치수 기본 단위가 만들어져 사용되었으며, 이로 인해 초석만 남은 터의 건립 시대 판단에도 유용하게 쓰인다.

그리고 이 자는 조합과 분할을 통해 우리 민족의 신체적·문화적 특징 등을 고려한 건축 공간 구성에 사용됨으로써, 앉은 자세와 서 있는 자세에서의 어른 눈높이는 각각 2자 반 및 5자[8], 천장 높이는 7자 반[9] 등 우리 고유의 전통 건축 치수를 형성하는 바탕이 되었다.

이처럼 오랜 역사 속에 성립된 전통 치수 단위는 단순한 숫자가 아니며, 민족의 신체적 조건, 과학, 철학 등 역사가 응축된 단위로서, 모두가 지켜나가야 할 유산이다.

# 주석

1  이에 대한 상세한 내용은 Spiro Kostof, 「The Architect : Chapters in the History of the Profession」, Oxford University Press, 1977, p.7 참조

2  「브리태니커 세계 대백과사전 24」, 한국브리태니커회사, 1996, p.244

3  The Metre Convention (http://www.bipm.org/utils/common/documents/official/metre-convention.pdf) 참조

4  윤장섭, 「한국의 영조척도」, 대한건축학회지 19권 63호, 1975.4, p.6

5  「한국의 영조척도」, p.9 및 문화재관리국, 「조선시대 척도자료 조사용역 보고서」, 1992.12, p.76

6  「한국의 영조척도」, p.5

7  「조선시대 척도자료 조사용역 보고서」, p.74~76

8  최상헌의 연구(「전통주거건축 내부공간과 인체치수와의 상관성에 관한 연구 – 연경당 및 조선상류주택의 비교분석을 통하여」, 대한건축학회논문집 10권 11호 1994.11, p.192)에 따르면 연령 20세 이상 조선 시대 성인의 경우 앉았을 때 눈높이는 대략 74cm~81cm, 섰을 때 눈높이는 대략 144cm~158cm(남자 약 158cm, 여자 약 145cm)로 분석되었다.

9  신영훈, 「한옥의 조형」, 대원사, 1990, p.79

154 김제 금산사 미륵전 주변 전경

# 옛 기록에 나타난
## 수호사찰 守護寺刹

사찰은 윤회에서 벗어나 해탈하기 위한 수행 정진은 물론이고, 부처와 보살의 특별한 능력의 도움을 받아 바라는 바를 이루기 위한 종교 의식과 축원이 이루어지는 도량이다.

고대 국가 시대에 왕실에서 적극적으로 불교를 도입함에 따라 건립되기 시작한 사찰은 도량 본연의 역할과 함께 왕실과 나라를 지키는 호국 사찰로서의 역할도 맡으며 고려 시대까지 크게 융성하였다.

하지만 주자학을 새로운 통치 이념으로 하여 숭유 억불 정책을 편 조선 시대에 들어오면서 불교계는 지배층인 유림(儒林)으로부터 탄압을 받아 그 명맥을 이어나가는 것조차 쉽지 않은 시대적 상황을 맞았다. 이에 따라 사찰은 왕실 수호를 명분으로 태실(胎室)을 조성하여 수호하는 역할을 맡거나, 실록 등이 보관된 사고(史庫)를 수호하는 역할을 맡거나, 혹은 임진왜란 및 병자호란 등 이웃 나라의 침략에 맞서 승군(僧軍)을 조직하여 나라를 수호하는 역할을 통해 그 필요성을 인정받으

155 일제 강점기 당시 은해사 전경(출처 : 朝鮮寺刹三十一本山寫眞帖)

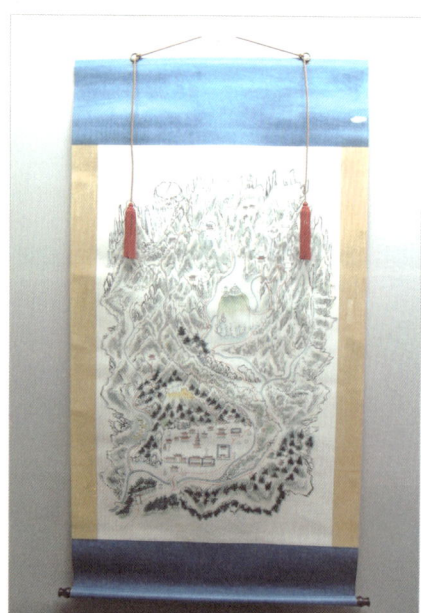

156 속리산 법주사의 순조 태봉도 모습

157 법주사의 순조 태봉도 상세

며 명맥을 이어나갔다. 즉, 사찰 본연의 역할에 태실 수호 등을 통한 왕실 수호, 사고 수호, 그리고 국가 수호 등의 역할을 기꺼이 떠맡았고, 이로 인해 조선왕조실록과 일성록 등의 옛 자료에 수호사찰이라는 이름이 나타나고 있다.

먼저 왕실 수호의 일환인 태실(胎室) 수호와 관련된 사찰은 정조 8년(1784) 9월 15일에 예조에서 열성조(列聖朝)의 태봉을 써서 바친 내용을 기록한 조선왕조실록에서 보이며, 그밖에 열암문집과 일성록 등의 사료에서 보인다. 금산 직지사(直持寺)가 그 북쪽 봉우리에 정종의 태실을, 풍기 명봉사(鳴鳳寺)가 문종의 태실을, 성주 선석사(禪石寺)가 세조의 태실을[1], 그리고 은해사(銀海寺)가 인종의 태실을[2] 조성하였다는 기록으로부터 태실 수호의 역할을 맡은 사찰을 확인할 수 있다. 또 정조 23년 7월 22일의 일성록에는 직지사가 태실봉안수호사찰(胎室奉安守護寺刹)로, 정조 24년 3월 22일의 일성록에는 명봉사가 태실수호사찰(胎室守護寺刹)로 기록되어 있다. 직지사, 명봉사, 선석사, 은해사 등은 오래 전에 창건된 사찰이므로, 기존 사찰에서 태실 수호 역할을 맡고 있는 것을 알 수 있다.

왕실 수호와 관련된 것으로는 태실 수호 이외에도 능침 수호가 있는데, 이는 왕과 앙비 및 앙으로 추존된 이의 무덤을 수호하는 것으로, 이 역할을 맡은 사찰에는 연경사가 있다. 연경사는 태조의 정비 신의왕후의 능침인 제릉(齊陵)의 수호사찰로 되어 있음(衍慶寺卽齊陵守護寺刹也)이 정조 12년(1788) 8월 16일자 일성록 기록에 보인다. 그런데 연경사처럼 건립 주체가 왕실인 능침 수호사찰은 조선왕조실록의 내용을 통해 그 기능 등 특성을 확실히 알 수 있는데, 명복을 빌기 위한 용도였음이 분명하게 드러난다. 더욱이 조선왕조실록 연산군 3년(1497) 7월 17일의 기록 중 조순이 왕에게 "능침에는 이미 수호군(守護軍)이 있는데 무엇 때문에 절을 세웁니까"[3]하고 반문하는 내용에서 알 수 있듯이 능침에는 이를 지키는 수호군이 별도로 있었다. 따라서 능침사찰은 수호사찰로서의 역할도 일부 하였겠지만 능침 주인의 명복을 비는 역할을 주로 하였던 것을 알 수 있다.

다음으로 사고(史庫) 수호와 관련된 사찰은 조선왕조실록과 승정원일기 등의 기

**158** 일제 강점기 당시 월정사 전경(출처 : 朝鮮寺刹三十一本山寫眞帖)

**159** 평창 오대산 사고(출처 : 조선고적도보)

록에서 볼 수 있다. 특히 고종 1년(1864) 11월 3일과 고종 36년(1899) 4월 15일의 승정원일기에는 태백산 사고(太白山史庫)를 수호하던 각화사(覺華寺 ; 고려 시대 중창), 적상산성 사고(赤裳山城史庫 : 1227년 월인 창건설과 조선 태조 때 무학대사 창건설이 있음)를 수호하던 안국사(安國寺), 이 밖에도 영동 각읍의 승려들이 돌아가며 오대산 사고(五臺山史庫)의 번(番)을 서던 규례가 폐지된 후 그 번을 담당하게 된 월정사(月精寺) 등의 기록이 눈에 띤다.

이러한 사고 수호사찰은 태실 수호사찰과 마찬가지로 기존 사찰에서 그 역할을 맡았던 것을 알 수 있다.

마지막으로 국가 수호와 관련된 사찰은 임진왜란·병자호란 등 외적의 침입을 맞아 기존 사찰이 승병을 조직하고 그 근거지가 되어 적에 맞선 경우와, 입안산성·남한산성의 사례에서 볼 수 있듯이 산성 안에 새로 만든 사찰이 승병의 군사적 거점 기능을 한 경우가 있다.

전자의 예를 보면, 고려 시대에 창건된 여천 흥국사(興國寺)가 임진왜란을 맞아 승병을 조직하고 전라좌수영 휘하에 편제되어 의승수군(義僧水軍) 진주사(鎭駐寺)가 되어 왜적과 싸우다가 성유새란으로 불탄 바 있다. 또 삼국 시대에 창건된 구례 화엄사(華嚴寺)·김제 금산사(金山寺)·구례 연곡사(燕谷寺)도 임진왜란 때 승병 근거지가 되어 왜군에 맞서 싸우다가 불탔다. 이밖에도 동화사, 법주사 등 호국 불교의 전통을 이어 온 수많은 사찰이 국난을 당해 국가 수호에 앞장섰다.

**160** 구례 화엄사 각황전 및 대웅전 전경

**161** 남한산성 장경사 모습

후자의 예로는, 먼저 전남 장성의 입암산성(笠岩山城)에 그 수호를 위해 새로 건립된 사찰이 있다. 또 남한산성에는 기존에 있던 망월사(望月寺)와 옥정사(玉井寺) 두 사찰만으로 한계가 있어 산성 수호를 통한 국가 수호를 위해 새롭게 일곱 사찰이 건립되었는데, 국청사(國淸寺)·한흥사(漢興寺)·개원사(開元寺)·장경사(長慶寺)·천주사(天柱寺)·동림사(東林寺)·동단사(東壇寺) 등이 그것이다. 이 사찰들은 남한산성을 보수하고 수호하는 역할을 다하다가 고종 31년(1894)에 승번(僧番) 제도 폐지로 군사적 역할이 사라짐에 따라 사찰 본연의 역할로 돌아왔다. 그러다가 1907년에 이르러 이들 사찰이 승군 주둔지로서 국가 수호 역할을 할 수 없도록, 일본군에 의해 장경사를 제외한 나머지 모두가 파괴되었다.

사찰은 원칙적으로 불교 도량으로서 수행 정진과 의식 및 축원 등 종교적 목적을 위해 존재한다. 그러나 앞서 살펴본 것처럼 조선 시대에 들어 외적의 침략 등을 겪으면서, 고대 국가 시대 이래로 왕실 수호와 호국 사찰로서의 전통을 이어 온 사찰이 왕실의 태실이나 실록이 보관된 사고를 수호하는 외에도, 필요시 승병 근거지가 되어 국가를 수호하는 역할을 병행하게 되었으며, 그 결과 이러한 사찰에 수호사찰이란 명칭이 쓰인 것을 알 수 있다

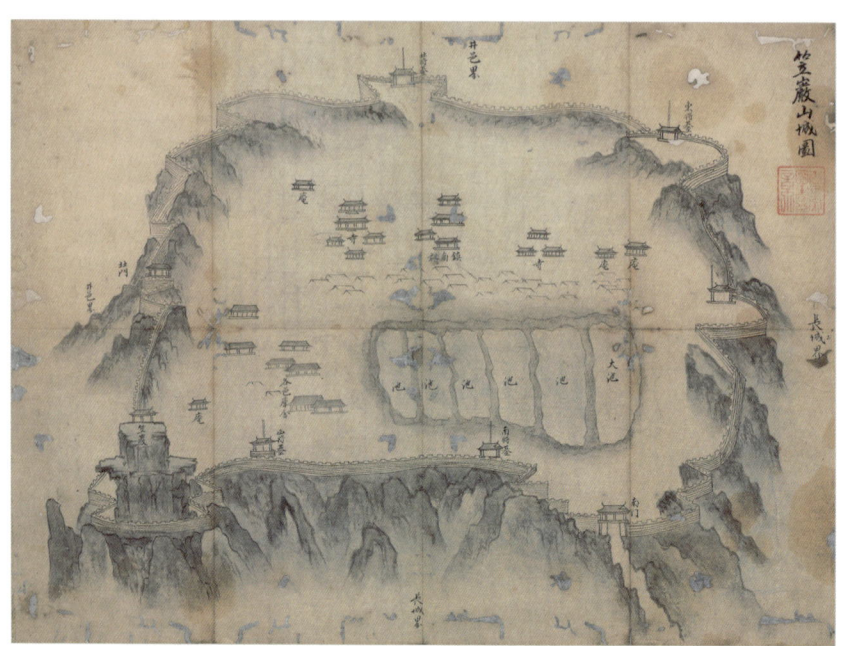
162 입암산성도(한국학중앙연구원 장서각 소장)

1  조선왕조실록에 다음과 같이 기록되어 있다. "丁卯/禮曹書進列聖朝胎(峰)〔封〕。太祖大王 胎封 珍山 萬仞山, 定宗大王 胎封 金山 直持寺 後, 太宗大王 胎封 星山 祖谷山, 世宗大王 胎封 昆陽 所公山, 文宗大王 胎封 豊基 鳴鳳寺 後, 端宗大王 胎封 昆陽 所谷山, 世祖大王 胎封 星州 禪石寺 後, 睿宗大王 胎封 全州 胎室山, 成宗大王 胎封 廣州 慶安驛 後, 中宗大王 胎封 加平 西面。仁宗大王 胎封 永川 公山, 明宗大王 胎封 瑞山 東面, 宣祖大王 胎封 林川 西面。顯宗大王 胎封 大興 遠東面, 辛酉年十月, 石欄干排設後, 大興縣 陞號爲郡守。肅宗大王 胎封 公州 南面 吳谷 無愁山 洞口, 景宗大王 胎封 忠州 嚴政立碑北數里許, 英宗大王 胎封 淸州山 內 一東面 無雙里。"

2  열암문집(悅菴文集) 일권(卷之一)에 "奉審仁宗大王胎室 在永川銀海寺"라고 기록되어 있다.

3  舜 曰:"常人之所以建齋宮者, 爲守護也。陵寢旣有守護軍, 何用建寺?"

2013년 신륵사 전경(여주시청 제공)

## 옛 기록에서 본
## 조선 시대 능침사찰 陵寢寺刹

능침사찰은 왕과 왕비의 능침 또는 덕종·원종과 같이 추존된 왕의 무덤인 능침을 수호하고 그 명복을 비는 소임을 맡은 원당사찰임을 조선왕조실록 내용 분석을 통해 알 수 있다. 조선왕조실록에는 이외에도 능침사(陵寢寺)·조포사(造泡寺)의 용어도 나타나지만 대개 재궁(齋宮)으로 칭하고 있어 명복을 빌기 위한 용도임을 명확히 드러내고 있다.

이러한 능침사찰은 왕과 왕비 또는 추존된 왕의 능침을 받들기 위해 만든 사찰에 국한하여 지칭되어야 하지만, 왕위에 오르지 못한 정조의 생부 사도세자가 묻혀 있는 현륭원을 위해 만든 용주사에 대해서도 능침사찰로 기록한 특별한 경우를 볼 수 있다. 즉, 용주사 내 자료에는 용주사를 능침위호사(陵寢衛護寺-龍珠寺創建勸善文에 기록), 조포자복사(造泡資福寺-大雄殿上樑文에 기록), 선침위호사(仙寢衛護寺-天保樓上樑文에 기록), 원사(願寺-大雄寶殿內願文에 기록) 등으로 기록하여, 능침 아래 단계인 원(현륭원)을 수호하는 원당사찰임에도 이를 높여 능침사찰인 능침위호사로 표현하고 있다. 이는 정조가 생부에 대한 각별한 효심으로 현륭원을 지키는 원당사찰로서 용주사를 지어 친히 행차함에 따라, 유교의 규범과 형식에서 비교적 자유로운 사찰 측에서 그 격(格)을 높여 지칭한 경우이다.

이와 관련하여 조선왕조실록에서는 공주나 대군의 무덤을 묘(墓)로 낮춰 지칭하는 것은 물론이고 규범상 이 곳에 왕이 들러서도 안 되는 등, 능침과 구별하는 것을 볼 수 있다. 숙종 14년(1688) 2월 26일 명선·명혜 두 공주의 묘에 가고 싶어하는 숙종에 대하여 신하들이 군주는 사묘에 친히 가서 보는 일이 없음을 아뢰어 그만 두게 한 숙종실록 기록(上以 明善, 明惠 兩墓, 最近於途傍, 欲爲歷臨, 問於諸臣。皆曰：" 人君無親臨私墓之事, 而路且險隘, 不可行。"上遂止)은 이를 매우 잘 보여주는 사례이다. 간혹 명선·명혜 공주의 명복을 빌기 위해 묘 근처에 지은 원당사찰인 봉국사 등을 능침사찰로 언급하는 경우를 볼 수 있는데 이는 잘못된 것이다.

능침사찰의 역사와 관련해서는 조선왕조실록 세종2년(1420) 7월 11일의 기록 가운데, "능침 가까이에 사찰을 세우는 것은 고려 태조로부터 시작되어, 우리 조선에서도 역시 개경사·연경사가 있었다(陵寢之旁, 創立僧舍, 始自 高麗 太祖, 我 朝亦有 開慶, 衍慶)"라는 내용이 있어 고려 시대에 이미 능침사찰이 있었던 것을 알 수 있다.

164 신륵사 구룡루 전면 전경

165 회암사지 기단 유구 전경

내세에서의 복을 비는데 불교의 힘을 빌고자 했던 왕실의 요구에 따라 원당사찰의 한 유형으로서 성립된 능침사찰은 불교 국가였던 고려에서는 물론이고 숭유억불 정책을 폈던 조선에서도 여전히 지어졌다. 왕실의 필요로 인해 건립된 조선 시대의 능침사찰에 대한 기록은 조선왕조실록 등에서 잘 볼 수 있는데, 다음과 같다.

기록을 통해 본 조선 시대 능침사찰

| 능침사찰 | 연혁 | 비고 |
|---|---|---|
| 흥천사(興天寺) | · 태조의 계비 신덕(神德)왕후 강씨의 능인 정릉(貞陵)의 재궁(齋宮)으로 태조6년(1397)에 건립 | 새로 건립 |
| 연경사(衍慶寺) | · 태조의 정비 신의(神懿)왕후 한씨의 능인 제릉(齊陵)의 재궁으로 정종1년(1399)경 건립 | |
| 개경사(開慶寺) | · 태조 능인 건원릉(健元陵)의 재궁으로 태종8년(1408)에 건립 | |
| 정인사(正因寺) | · 세조의 맏아들 덕종과 그 비(妃) 소혜(昭惠)왕후 한씨의 능인 경릉(敬陵)의 재궁으로 세조5(1459)되어, 예종과 계비 안순(安順)왕후 한씨의 능인 창릉(昌陵)의 재궁으로도 지정 | |
| 봉릉사(奉陵寺) | · 인조 생부인 원종(元宗)과 그의 비 인헌(仁獻)왕후의 능인 장릉(章陵)의 재궁으로 인조5년(1627)경 인근 절을 폐사시키고 건립 | |
| 회암사(檜岩寺) | · 태종의 능침인 헌릉(獻陵)에서 멀리 떨어져 있음에도 태종의 능침사찰로 기록되어 있음. 고려 충숙왕 15년(1328) 건립으로 전함 | 기존 사찰 활용 |
| 흥교사(興敎寺) | · 고려 때의 대찰로서 세조조에 이르러 정종과 그 비 정안(定安)왕후의 능인 후릉(厚陵)의 재궁으로 지정 | |
| 봉선사(奉先寺) | · 세조와 정희(貞熹)왕후 윤씨의 능인 광릉(光陵)의 재궁으로서, 예종원년(1469)에 기존의 운악사를 중창하고 봉선사로 개칭 | |
| 신륵사(神勒寺) | · 고려 때의 대찰로서 예종1년(1469)에 세종의 능인 영릉(英陵)이 여주로 천장된 후 그 재궁으로 지정 | |
| 봉은사(奉恩寺) | · 성종과 그 계비 정현(貞顯)왕후 윤씨의 능인 선릉(宣陵)의 재궁이며, 또한 중종의 능인 정릉(靖陵)의 재궁. 794년 건립 당시 명칭은 건성사였으나 선릉의 재궁이 될 때 봉은사로 개칭 | |

이들 사례로부터 조선 시대의 능침사찰은 흥천사, 연경사, 개경사, 정인사 등의 경우처럼 새롭게 만들기도 하지만, 회암사, 흥교사, 봉선사, 신륵사 등의 경우처럼 기존에 있던 사찰을 지정하여 활용하는 경우도 있음을 알 수 있다.

이들 능침사찰 중 그 맥이 유지되고 있는 것으로서 흥천사는 정조 때에 이전 개창되었고, 봉은사는 임진왜란과 병자호란 및 1939년 발생한 대화재 등으로 인해 새롭게 중창되었으며, 봉선사도 임진왜란과 병자호란 및 한국전쟁으로 인해 새롭게 중창되었으므로, 그 화를 면한 신륵사를 통해 조선 시대 능침사찰의 구성 방법을 엿볼 수 있다. 하지만 신륵사는 기존의 법당에 재각을 추가하여 기존 사찰을 능침사찰로 지정하여 활용한 경우이다[1].

한편 조선왕조실록 명종4년(1549) 9월 8일의 기록을 보면, "正因寺, 德宗大王 陵寢寺也, 檜巖寺, 太宗大王 陵寢寺也,"라고 하여 정인사가 덕종의 능침사찰이며, 경기도 양주시 회암동에 위치한 회암사가 태종의 능침사찰임을 밝히고 있다. 이 회암사는 태종의 능침인 헌릉(서울 서초구 내곡동 소재)과는 50km이상 멀리 떨어져 있어 능침 수호가 곤란한 위치인데도 이처럼 능침사찰의 범주 속에 포함시키고 있는데, 이는 당시 조선 왕실에서 능침사찰을 원당사찰과 같은 것으로 보고 언급하였던 것으로서, 고려 초 왕릉과 진전사원[2]이 떨어져 구성되었던 경우와 통한다고 하겠다.

유교를 통치 이념으로 삼은 조선 시대에 유교로는 내세에서의 명복 기원 등 기복 신앙으로서의 역할을 기대할 수 없으므로, 왕실에서는 삼국 시대 이래로 계속 그 역할을 맡아왔던 불교에 기대어 선왕의 명복 등을 빌기 위한 능침사찰을 건립하였고, 이를 반대하는 유림 세력에는 유교 규범의 주요 요소였던 효(孝)의 덕목을 빌어 설득하고자 한 것을 볼 수 있다.

## 주석

1 능침사찰은 비록 아니지만 능침사찰에 준하는 사찰로서 창건 때 모습을 그대로 보존하고 있는 용주사를 통해 새롭게 지어지는 경우의 능침사찰 모습을 간접적으로나마 살펴볼 수 있다. 용주사는 중심 영역에서의 좌우대칭 구성과 함께 왕의 행차 등에 대비해 외부에 폐쇄적이면서도 조망을 갖춘 접대 공간이 확보될 수 있도록 구성되고 있다. 즉 중심 영역에서 대웅전 앞의 누각인 천보루(天保樓) 좌우로 전실에 해당하는 행각이 있고 그 좌우의 나유타료(那由陀寮) 및 만수리실(蔓殊利室)과 연결되어 외부에 대하여 폐쇄적으로 구성된 한편, 천보루 전측면으로 쪽마루가 설치되어 누 공간의 폐쇄성과 확장성이 강화되었으며, 사방으로 창호가 구성되어 접대 시 조망 확보 등이 필요한 경우 언제라도 개폐가 이루어질 수 있도록 구성되어 있다.

2 고려 시대 왕실에서 진전(眞殿)을 지어 여기에 왕과 왕비의 화상을 봉안하고 그 명복을 기원하도록 조성한 원당사찰. 도성 바깥에 위치한 왕릉과 달리 도성 안에 만들어 임금 행차 시 가까이에서 손쉽게 들를 수 있도록 하였다.

166 송광사 하사당 전면

# 요사 풀이

 요사(寮舍)는 주거공간으로서 절에 있는 승려들이 거처하는 집을 말하며, 수행·의식·축원 등의 용도에 사용되는 종교공간인 법당(法堂)과는 그 성격을 달리한다.
 구분된 건물단위의 뜻을 더하는 접미사인 채를 덧붙여 요사채라고도 하는 요사는 승방만으로 혹은 승방에 부엌 등이 추가되어 구성된다. 일반적으로 외부인의 무단출입을 막기 위해 담장을 두르거나 폐쇄적인 ㅁ자 형태의 평면으로 구성하거나 혹은 별도의 구분된 영역에 만들어 가급적 승려의 생활이 외부에 노출되지 않도록 하고 있다.
 이러한 요사는 출가한 일반 승려들이 거주하는 일반적인 요사, 법당을 관리하고 제반 법요를 행하는 분수승(焚修僧)이 거처하는 노전(爐殿), 고승(高僧)이 거처하는 방장(方丈), 나이 들거나 혹은 아픈 승려들이 머무르는 정양소(靜養所), 조선 말 사유재산제 발달로 경제력을 지닌 일부 승려가 독립된 별방을 갖기 시작하면서 성립된 별방제(別房制)와 별가제(別家制)로 인해 사찰 경내에 독립적으로 구성된 요사 등 다양한 형태로 사찰 내에 구성되고 있다.

**167** 내소사 설선당 우측면 전경

**168** 선암사 천불전 전면

이 가운데 별방제는 조선 말기 성행한 것으로 사찰 안 가옥의 각 방을 각 승려에게 분배하여 거주하게 하는 제도를 말한다. 이 시기 사찰의 각 실은 곧 1호(戶)와 같은 개념으로 사승(師僧)과 제자(弟子)가 이곳에서 1호를 구성하여 독립된 생활을 하였다. 이전에도 별방 설치가 전혀 없었던 것은 아니지만, 대부분 나이든 사승, 병든 승려의 정양소로 사용되었으며, 이 경우 대개 개인이 한 방을 점령하는 경우는 없으며, 모두가 큰 방에 베개를 나란히 놓고 자거나 자리를 깔고 앉았다. 그런데 사유재산제가 발달하고 각자의 생활에 독립적 부분이 많아짐에 따라 자연히 별방제가 발달하게 되었다. 이 별방제는 한층 발달하여 별가제가 되었는데, 이는 사찰 구역 안에 별가를 세우고 여기에서 완전히 일가(一家)를 이루어 생활하는 것이다.[1]

 이러한 별방제와 별가제 성립에 따라 독립적으로 구성된 요사 모습은 선암사에서 잘 살펴볼 수 있다. 이 곳에서는 과거 일제 강점기까지 경내에 여섯 명의 사승이 각자 독립된 거주단위를 형성함에 따라 설선당, 심검당, 천불전, 창파당, 달마전, 무우전의 독립된 여섯 채의 요사로 된 육방(六房 : 육별방) 건축이 만들어졌다. 이 중 창파당을 제외한 나머지 다섯 채의 요사는 모두 담으로 구획되고 심지어 별도의 출입문까지 설치되어 독립된 영역을 형성하고 있어, 별방제에서 별가제로까지 발전이 이루어진 것을 알 수 있다.

 강원도 고성에 있는 건봉사에서도 그 중심 영역 부근의 낙서암 영역에 1902년 학림과 완허 두 선사가 별실을 갖추고자 개인 자금과 공적 자금을 합쳐 남별당을 지었고, 또한 중심 영역 전면으로 새롭게 형성된 극락전 영역에 담장을 두른 별당을 짓는 등 별방제에서 별가제로까지 확대된 요사가 만들어졌다. 그런데 이곳의 별방제 및 별가제에 의한 요사는 개인 재산이 아닌 사찰 재산으로 되어 있다.[2]

 이러한 요사는 예로부터 그 기능에서 법당과 명확하게 구분되어 왔음에도 불구하고, 오늘날 일부에서 사찰 중심 영역에 구성된 주요 법당으로서 참선 수행을 하던 선방(좌선당)이나 염불 수행을 하던 대방(염불당) 등의 법당을 요사에 잘못 포함시키는 경우를 볼 수 있다.

이렇게 된 것은 만해 한용운이 그의 저서 조선불교유신론을 통해 당시의 좌선 및 염불 성행에 따른 폐해에 대해 신랄하게 비판하였던 것에서 알 수 있듯이 조선 말기에 좌선과 염불에 대한 부정적 인식이 상당하였고, 그 결과 좌선과 염불이 점차 쇠퇴하면서 이 과정에서 승려 수의 감소와 더불어 그 수행을 위한 법당인 선방과 대방이 원래 용도가 아닌 승사나 종무소 등 다른 용도로 쓰이게 되면서 나타난 잘못이라고 하겠다.

또한 중정에 면한 一자형 선방 후면으로 ㄷ자형 요사가 이어져 ㅁ자로 이루어진 내소사 설선당처럼, 법당과 요사가 기능적으로는 구분되어도 건축적으로는 명확하게 분리되지 않고 이어져 구성되는 경우, 법당으로서의 선방을 구분 않고 그대로 요사에 포함시킨 결과라고 하겠다.

아울러 염불 수행 법당인 대방은 이전의 전통적인 법당과 달리 사찰에서 독립적으로 운영되던 특성을 반영하여 자체적으로 생활할 수 있게 승방, 부엌, 수납용 공간 등을 함께 갖춘 복합형 법당임에도, 이를 제대로 이해하지 못한 결과라고 하겠다. 대방과 관련해서는 「전등사본말사지(傳燈寺本末寺誌)」를 대상으로 전등사와 그에 속한 총 28개 사찰 중에 대방 건물이 들어있는 15개 사찰을 분석한 김동욱의 연구 결과로서, 많은 사찰에서 요사와 대방을 별도로 갖추고 있는 사실 등을 통해 요사와 대방이 별개임이 이미 밝혀진 바 있다.[3]

이외에도 참선 수행을 하는 선종 사찰에서는 요사까지도 수행 공간의 연속으로 삼고자 하면서 요사가 법당의 수행 기능의 연장선상에 놓였던 측면도 간과할 수 없다. 이는 요사를 승료, 승사, 승당으로도 지칭하였던 화계사의 옛 기록을 통해서도 알 수 있는데[4], 승당이란 '선원(禪院)에서 수행자가 좌선을 닦는 도장'을 뜻하기 때문이다.[5]

규모 있는 사찰에서는 요사와 법당이 명확하게 구분되어 만들어진다. 하지만 단일 건물만으로 된 암자 규모의 사찰에서는 승려가 거처하는 방에 불상을 봉안하여 주거와 종교 행위가 동시에 이루어져 구분되지 않는 바, 이를 인법당(人法堂)이라

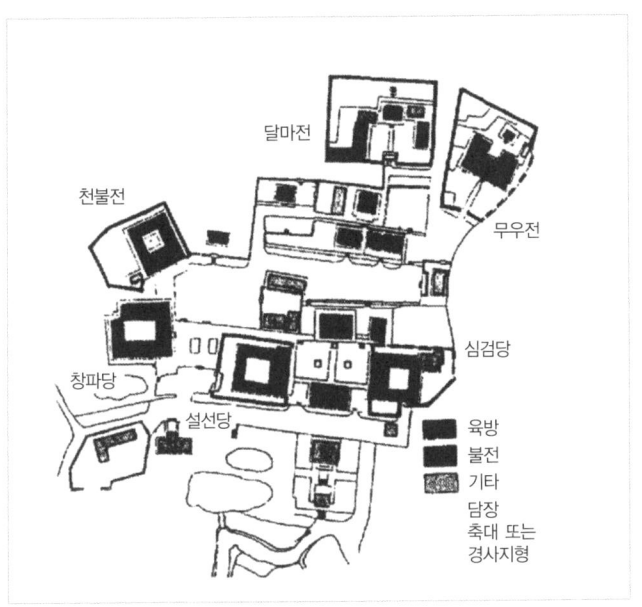

**169** 선암사 배치도

**170** 내소사 배치도

칭하고 법당으로서의 의미를 부여하고 있다. 이러한 인법당을 요사의 범주에 넣는 경우를 볼 수 있는데, 이는 자고 먹고 요리하고 공부하는 온갖 행위가 한 공간에서 이루어지는 원룸에 대하여 침실, 식당, 주방, 공부방 등으로 일컫는 것과 같다.

  승려의 주거 공간인 요사는 종교 공간인 법당에 비해 일반적으로 소박하게 민도리계의 건물로 만들어지며, 수행·의식·축원 등의 종교적 용도를 담지 않는 개인 공간으로 구성되는 점에서 법당과 차이를 보이고 있다. 물론 선종 사찰의 경우에는 참선 수행이 연속되는 공간이 되기도 한다. 이러한 요사는 승려의 사적 영역을 어느 정도 보호하면서도 법당에서의 종교 활동을 보다 효과적으로 수행할 수 있도록 구성하는 것이 필요하므로, 사찰마다 다양한 방법과 형태로 적절히 발전해 온 것을 볼 수 있다.

## 주석

1 高橋亨, 「李朝佛敎」, 豊島 : 國書刊行會, 1973, p.1033~1035 및 김성도, 「사찰 대방 건축」, 도서출판고려, 2007, p.43~44

2 「사찰 대방 건축」, 앞의 책, p.26~46

3 「흥천사 실측조사 보고서」, 서울특별시, 1988, p.84~85

4 삼각산 화계사의 역사와 문화 - 학술세미나 논문집(김성도, 「화계사 가람의 특성과 역사성」), 화계사, 2013.2.8, p.97

5 경인문화사, 「불교용어사전」, 1998

171 사도세자의 원당 사찰인 용주사 경내의 천보루에서 본 대웅전 전경

# 원당사찰願堂寺刹 풀이

　원당(願堂)은 죽은 사람의 위패나 화상(畵像)을 봉안하고 명복을 빌던 법당을 말한다. 원당 사찰은 이러한 원당이 건립된 사찰을 말하며, 이를 구분하면 사찰 경내 일부에 원당이 별도로 건립된 경우와 사찰 전체가 원당 기능을 하도록 건립된 경우가 있다.

　불교는 윤회에서 벗어나 해탈하려고 수행하는 종교이지만, 부처·보살이 지닌 특별한 능력의 도움을 받아 바라는 바를 이루고자 기원하는 기복 신앙의 특성도 지녔다. 그래서 승려들은 법당에서 수행 정진을 하는 한편 원력을 세워 다양한 불자들의 소원을 이루기 위해 의식 거행 및 축원을 한다. 수행 정진을 위해 강당(講堂)에서는 경론 강설을, 좌선당(坐禪堂)에서는 참선 수행을, 그리고 염불당(念佛堂)에서는 염불 수행을 하였다. 그리고 불자들의 소원 성취를 위해 약사여래가 있는 약사전(藥師殿)에서는 질병 치료를 원하는 이를 위한 기도를, 지장보살이 있는 명부전(冥府殿)에서는 49재와 천도재(薦度齋) 등 저승에서의 망자 구제를 위한 의식을 치르는 등, 각 법당을 목적에 맞게 사용하였다. 그런데 이런 법당들이 그 쓰임을 필요로 하는 모든 이들에게 열린 반면, 원당은 특정인을 대상으로 명복을 빌기 위한 용도로 사용하는 법당이어서 그 쓰임에 따른 출입이 제한되어, 서로 차이가 드러난다.

고대 국가에서부터 왕실을 포함한 지배층은 죽은 사람의 명복을 정성을 다하여 빈다는 특별한 목적을 갖고 사찰 경내에 별도의 법당인 원당을 짓거나 사찰 전체를 원당의 기능을 하도록 만들었고, 이에 따라 원당 사찰이 성립되었다.

신라에서는 무열왕의 명복을 빌고자 성덕왕이 건립하기 시작한 봉덕사(奉德寺), 진지왕의 명복을 빌기 위해 건립한 봉은사(奉恩寺) 등 임금의 명복을 비는 사찰은 물론이고 이차돈의 명복을 비는 자추사(刺秋寺), 장춘랑(長春郎)과 파랑(罷郎)의 명복을 비는 장의사(壯義寺) 등 승려와 화랑의 명복을 비는 사찰이 있었다. 또한 원당에 대한 일을 맡아보는 원당전(願堂典)이란 관청에 대한 기록 등이 남아 있다. 이로부터 고대 국가 시대에 이미 원당 사찰이 있었던 것을 확인할 수 있다.

불교를 국교로 삼았던 고려 시대에는 1175년 명종이 의종을 희릉에 장사한 후 그 어진을 해안사(海安寺)에 봉안하여 원당으로 삼는 경우처럼 기존 사찰을 왕실의 원당 사찰로 삼기도 하였지만, 새로운 사찰을 만들기도 하였다. 특히 왕실에서는 진전(眞殿)을 짓고 여기에 왕과 왕비의 화상을 봉안하고 명복을 비는 원당 사찰을 조성하였는데, 도성 바깥에 위치한 왕릉과 달리 도성 안에 진전을 만들어 임금이 쉽게 들를 수 있도록 하였다. 귀족의 원당 사찰로서는 고려 후기 무신인 이지영(李至榮, ?~1196)이 벽란강변에 세운 보달원(普達院), 고려 후기 문신인 조인규(趙仁規, 1237~1308)가 과천에 세운 청계사(淸溪寺) 등이 있다. 이 시기 원당 사찰의 번창으로 인한 폐단이 적잖았던지 충선왕(1298, 1308~1313 재위)은 즉위 후 원당 건립을 일절 금할 것을 하교했지만, 계속 지어졌다.

주자학을 새로운 통치 이념으로 정립한 조선 시대에는 불교계가 상당한 변화를 겪으며 크게 쇠퇴하였지만 원당 사찰의 명맥은 여전히 이어졌다. 숭유 억불 정책 속에서 불교계는 지배층인 유림(儒林)의 박해와 탄압을 받았지만, 대궐 안에 만들어진 불당인 내원당(內願堂)을 통해 알 수 있듯이 기복 신앙으로서의 역할을 함은 물론이고, 전란 시 호국 불교로서의 역할을 하였기에 왕실의 지원과 민간의 지지를 받으며 그 명맥을 이어갈 수 있었다. 하지만 이 시기 사찰은 축성(築城) 등 국가사업에 노동력(力役)을 부담해야 하는 것은 물론이고 유역(油役), 지역(紙役) 등 부과된 온갖 물품을 세금으로 관아에 바쳐야 하는 외에도 권력가의 유람 장소로까지 전락한 상황에 놓였으므로, 왕실의 위패나 어진 등을 봉안한 원당의 설치는 왕실의 권위를 빌려 유림의 탄압을 피하고 관아에 바치는 세금을 면제받아 사찰의 명맥을 이어갈 수 있는 매우 중요한 수단이었다.

그래서 사찰에서는 힐 수만 있다면 적극 왕실의 필요에 응하여 기존 경내 일부에 왕실과 관련된 위패나 화상 등을 봉안한 원당을 만들어 원당 사찰이 되고자 하였다.
파계사(把溪寺)는 이러한 전형적인 사찰이다. 조선 19대 왕인 숙종은 파계사의 영원(靈源) 선사로 하여금 원자 잉태를 위한 백일기도를 하게 한 후 1694년에 훗날의 영조가 되는 원자가 태어나자, 영원에게 현응이란 호를 하사하고, 내탕금 3천냥을 내려 칠성전을 지어 원자의 수복을 빌게 하였으며, 또 파계사 주변 40리에 걸쳐 국가에 내는 세금을 파계사에서 면하라는 명을 내렸다. 이에 대해 영원선사는 세금 면제 대신에 왕실 선대 임금의 위패를 봉안하기를 청원하여 숙종 22년(1696)에 기영각(祈永閣)을 짓고 봉안하였다.

더욱이 사찰에서는 왕실의 위패나 화상 이외에도 인종의 태실이 조성된 은해사의 경우처럼 왕실의 태(胎)를 안치하거나, 순천 송광사 성수전의 경우처럼 1902년 고종황제 51세를 맞아 사액(賜額)을 받고 황실 기도 장소로서의 역할을 맡아 원당 사

**172** 고종 황제 51세를 맞아 사액을 받은 순천 송광사 성수전(현 관음전 개칭) 전경

**173** 송광사 배치도

**174** 인종의 태실이 조성된 은해사 전경

찰이 되었다. 이를 통해 조선 시대 원당 사찰의 기능이 명복을 비는 원래의 목적 이외에도 왕실의 안녕 등 기복의 역할까지 맡아 자복사(資福寺 : 나라의 복을 빌기 위하여 고려 때 설치한 절로서 조선 초 사찰 혁파 당시 국운을 비는 절이라 하여 그대로 존속시킴)로까지 확대된 것을 알 수 있다. 물론 정조가 1776년 즉위하여 대사간 홍억(洪檍)의 상소를 받아 원당 금지를 법전화(法典化) 하였지만, 1790년 생부인 사도세자의 명복을 빌기 위해 용주사를 짓는 등 왕실의 필요로 인해 원당 사찰은 계속되었다.

이처럼 원당 사찰은 기본적으로 경내 일부에 특정인의 명복을 빌기 위해 그의 위패나 화상 등을 봉안한 원당을 두었거나 또는 경내 전체를 특정인의 명복을 빌기 위해 만든 사찰로서, 특정인만을 위해 정성을 다하여 명복을 비는 것이 주요 역할이었지만, 더 나아가서 특정인에 관련된 이들의 소원 등을 기원하는 기도 장소로서의 역할까지도 담당하기에 이른 것을 알 수 있다.

원당 사찰의 이러한 역할에도 불구하고, 최근 조선 말기에 성립된 염불 수행 법당인 대방(염불당)이 있는 사찰이 원당 사찰의 한 유형으로 잘못 포함되는 경우를 볼 수 있다. 대방은 1802년 강원도 고성 건봉사에서 개최한 만일염불회를 계기로 당시 사회에 정토종의 염불 신앙이 크게 성행하면서, 이에 부응하여 당시 많은 사찰의 중심 영역에 만들어진 새로운 형태의 염불 수행 법당이다. 대방에서는 약 27년에 이르는 만일(萬日)동안 하루도 빠짐없이 염불 수행 정진을 하는 만일염불회가 행해졌으며, 이는 특정인의 명복 기원을 주요 기능으로 하는 원당과는 전혀 다른 것이다. 수행의 한 방편으로 염불 정진을 위해 만들어진 법당인 대방은 수행 정진과 무관한 원당과는 분명하게 구분된다.

이러한 대방이 있는 사찰 중 극히 일부는 원당 사찰과 관련된 경우가 있는데, 이는 집권층인 유림의 탄압을 막을 수 있는 주요 수단이었던 왕실의 어진 등을 봉안한 원당이 있던 사찰에서 정토종의 염불 신앙이 크게 성행하는 시대를 맞아 다른 일반 사찰과 마찬가지로 포교와 수익 등을 위해 그 중심 영역에 염불 수행을 위한 대방을 지은 경우이다.

따라서 대방이 있는 사찰은 19세기 들어와 정토 염불 사상이 조선 사회에 크게 성행하면서 종파를 불문하고 많은 사찰에서 수행의 한 방편으로 염불을 받아들여 그 중심 영역에 염불 전용 법당인 대방을 건립하면서 나타난 사찰로서, 원당 사찰의 형식과는 직접적인 관계가 없다.

175  20세기 중반 재건된 시텐노오지(四天王寺) 전경

# 역사로부터 본 한국과
# 일본 두 나라 불교 건축

**우리나라 불교 및 불교 건축의 일본 전래**

 고대 국가 시대에 우리나라는 일본에 불교를 전하였고, 이로부터 일본 불교가 시작되었다. 그래서 백제 성왕이 왜에 불교를 전했던 538년 12월을 일본에서는 불교가 처음으로 전래된 공식적인 시기로 삼고 있다.[1] 당시 백제는 승려와 경론 이외에 불상과 불화, 그리고 불교 건축물을 만들 수 있도록 지속적으로 기술자를 보내어 왜에 불교 문화 자체를 전하였으며, 고구려와 신라도 그러하였다.

 구체적으로는 백제가 577년에 경론(經論)과 함께 승려(僧尼), 조불공(造佛工), 조사공(造寺工) 등을, 588년에 불사리(佛舍利), 사공(寺工), 노반박사(鑪盤博士), 와박사(瓦博士), 화공(畵工) 등을 왜에 보내어 불교 문화 일체를 전하였던 것을 일본 측 기록에서 볼 수 있다.[2] 당시 왜에 건너가 시텐노오지(四天王寺) 건립을 담당했던 백제인들 가운데 금강중광(金剛重光)을 위시한 3인의 건축 기술자가 578년 설립했던 콘고오구미(金剛組)는 2005년 자금난으로 타카마쯔켄세쯔(高松建設)에 합병되기 전까지 세계에서 가장 오래된 건설 회사로서 일본 내에서 뿐 아니라 국

176 훗타테바시라로 된 카모와케이카즈찌진자(賀茂別雷神社)의 하시도노(橋殿) 전경

제적으로도 인정받았는데, 윌리엄(William T. O'Hara)박사가 쓴 「Centuries of Success」에서 이를 확인할 수 있다.

백제로부터 일본으로 선진적인 불교 건축 기술이 전해지기 이전의 일본 건축물은 땅에 구멍을 파고 여기에 기둥 밑동을 묻고서 식물성 재료로 지붕을 얹은 것이었다. 이처럼 땅에 판 구멍 속에 기둥 밑동을 넣어 세우는 방식을 홋타테바시라(掘立柱)라고 하는데, 일본건축학회에서는 불교 건축 기술 도입 전의 건축이 모두 홋타테바시라였던 것으로 추정하고 있으며[3], 이 방식은 백제의 건축 기술이 도입된 후에도 궁궐을 포함하여 일본 건축에서 광범위하게 사용되었다.[4]

**일본 불교 건축의 변천**

역사적으로 뿌리를 같이 했던 일본 불교는 오랜 시기를 지나면서 중국 불교 수입, 일본 전통 종교인 신도(神道)와의 결합[5] 등을 통해 우리나라 불교와 다른 모습으로 전개되었다. 게다가 빈발하는 지신과 태풍 등 자연 환경의 영향으로 인해 시대가 지남에 따라 새로 지어지는 일본 불교 건축은 우리나라 불교 건축과 완전히 다른 형식과 구조로 바뀌어 갔고, 19세기에 이르러 수도권 일원의 일본 사찰에 건립된 불전은 동시대 수도권 일원의 한국 사찰에 건립된 불전과는 전혀 다른 건축 의장과 구조 특성을 갖추었다.[6]

이러한 일본 불교 건축의 특징을 요약하면 다음과 같다.

우선, 불전 앞에 일종의 예배용 차양 구조물인 코오하이(向拜)가 구성되거나 바쿠(貘)[7]·사자 등 한국 불전에 없는 다양한 일본 고유의 의장 요소로 장식되었다. 여기에 샛지붕, 나게시(長押), 뺄목을 포함한 다양한 부재의 장식 등을 통해 지진에 대응하면서 일본 고유의 독특한 의장성을 갖추었는데, 이는 기와 지붕과 구조재를 겸한 장식부재 등을 통해 내구성을 근간으로 의장성을 추구한 한국 불전과 상이한 특성을 갖고 있다.

다음으로 공포부의 후나히지키(舟肘木)[8] 등에서 볼 수 있듯이 일본 불전에서는

**177** 전면에 코오하이(向拜)가 구성된 후묘오지 다이니찌도오(普明寺 大日堂) 전경 ( ● 코오하이 )

**178** 코쿠분지(國分寺) 야쿠시도우(藥師堂) 앞 코오하이(向拜) 좌측기둥 상부의 뺄목 장식한 바쿠(좌측)와 사자(우측)

179   나게시가 구성된 토오쇼오다이지(唐招提寺) 콘도오(金堂) 전면 ( ● 나게시 )

180   나게시가 구성된 쵸오후쿠지(長福寺) 혼도오(本堂) 전면 ( ● 나게시 )

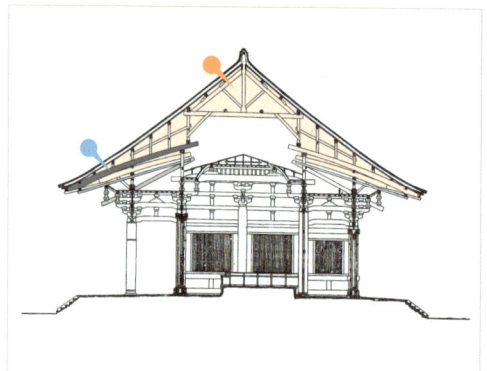 

181 하네기와 코야구미(일본식 지붕틀 구조)가 결합된 토오쇼오다이지콘도오(唐招提寺 金堂) 지붕틀 단면도 (출처: 日本建築史參考圖集) ( ● 하네기, ● 코야구미)

182 도조오즈쿠리(土藏造)로 만들어진 코오토쿠지 쿄오조오 (廣德寺 經藏) 전경

183 후나히지키 양식의 카이젠지(海禪寺) 혼도오(本堂) ( ● 후나히지키(원주심포) 양식 )

224　　　　　　　　　　　　　　　　　　역사가 전하는 건축 문화재 이야기

고대의 시원적 양식이 19세기에 공존하고 있으며, 이는 과거의 양식을 대체하여 새로운 양식으로 변천 발전해간 한국 불전과 다른 특성을 보인다.[9]

이와 함께 빈발하는 지진과 빈번한 태풍 및 폭우로부터 피해를 최소화하도록 지붕을 경량화하고 빗물이 스며들지 않도록 가파른 물매로 하게 되면서, 일본만의 독특한 지붕틀 구조가 만들어졌다. 상부 하중을 서까래가 받치지 않고, 지붕 내부에 일종의 덧서까래인 하네기(桔木 : 서까래와 부연 위에 구성되어 도리 및 도리 지지 동자주 등을 받치는 일종의 덧서까래로, 처마 쪽에서 지붕틀 안으로 박아 붙인 부재)가 받도록 한 기법을 발전시켰고, 또한 일본식 트러스 구조로 된 지붕틀인 코야구미(小屋組)를 사용한 기법을 발전시켜, 일종의 헛지붕 구조가 발달된 지붕틀이 성립되었다. 이러한 일본 불전의 지붕틀은 지붕 경량화에 따라 큰 하중을 받치지 않아 구조 부재 단면이 작다. 이는 튼실한 구조 부재로서 일체화되고 완결된 가구(架構)의 일부로 구성된 한국 불전의 지붕틀과는 전혀 다른 구조를 보이고 있다.

이외에도 방화 대책으로서 목골조에 흙벽을 두텁게 발라 마감한 노소오즈쿠리(土藏造 : 목조 뼈대에 흙을 발라 평벽으로 구성한 방화 구조 형식의 건물)로 된 별도의 건축물이 긴립되었는데, 이는 건물 외벽에 방하장을 구성하여 대처한 한국 불전과 다른 방식이다.

## 일본 불교의 한국 침탈 과정

신도(神道)[10] 국가를 지향했던 메이지 정부는 불교 국가였던 에도 정부를 무너뜨리고 1868년 들어서서 불교 말살 정책을 추진하였으며, 그 결과 일본 불교계는 단기간에 완전히 초토화되었다.

우선 신도에서 불교의 제 요소를 제거하는 신부쯔분리(神佛分離) 정책[11]에 뒤이어 불교를 폐하는 하이부쯔키샤쿠(廢佛毀釋) 정책이 시행되었다. 이에 따라 사쯔마한(薩摩藩)의 경우에는 1,066곳의 사찰과 2,964명의 승려가 폐사 및 환속하도록 명령을 받았고, 지역 주민들도 신도로 바꾸도록 지시를 받아, 이 지역에서는 외

형상 불교가 완전히 사라졌다. 토사한(土佐藩)[12]에서는 사찰 소유 토지(寺領)를 폐지하였고, 모든 불교식 행사를 신도식으로 바꾸게 하여, 영내 사찰 515곳 가운데 439곳이 폐사되었으나, 신슈우(眞宗) 사찰만은 민중의 지원으로 유지되었다.[13]

이 시기 기독교 역시 금지되었고, 기독교인들은 대대적으로 투옥되어 고문을 받았다. 그런데 기독교 박해에 대한 서구 열강의 강력한 항의에 직면하여 메이지 정부는 기독교인들을 석방할 수밖에 없는 상황이 되었고, 서구 열강의 요구에 저촉되지 않으면서 기독교 유입을 금지할 수 있는 방안을 찾아야 했다. 이에 에도(江戶) 정부 당시부터 기독교 유입을 막아 왔던 불교의 필요성을 재차 인정하여 정부 조직 내 불교를 관장하는 기관을 만들어 일부나마 살아남은 불교계를 용인하기에 이르렀다.

이러한 시대를 맞아 불교 말살 정책으로부터 겨우 살아남은 불교계는 메이지 정부에 대한 충성 맹세를 통해 생존을 모색했으며[14], 신도의 하위 기관으로서 극심한 침체의 시기를 맞는 가운데 정부의 지시를 받게 되었다.

이 무렵 메이지 정부의 외무경(外務卿)[15], 외무성 장관) 테라지마무네노리(寺島宗則)와 내무경(內務卿)[16], 내무성 장관) 오오쿠보토시미찌(大久保利通)가 혼간지(本願寺)의 관장 곤뇨(嚴如)[17]에게 한국에 진출하도록 요구함에 따라 이시카와슌타카(石川舜台)가 국장으로 있던 해외포교국에서 오쿠무라죠오신(奧村淨信, 1586년 부산에 건너와 高德寺를 지어 포교한 일본 승려)[18]의 후손인 오쿠무라엔신(奧村圓心)을 보냄으로써[19] 일본 불교의 한국 침탈이 1877년 시작되었다.[20]

이에 따라 많은 일본 사찰이 포교를 구실로 삼아 우리나라에 들어왔다.

광복 후 역사 정화 과정에서 일본 사찰과 경내의 불전은 대부분 사라졌지만, 목포에 있는 구 동본원사 목포별원(등록문화재 제340호), 경주에 있는 구 서경사(등록문화재 제290호), 군산에 있는 동국사 대웅전(등록문화재 제64호) 등 역사적 교훈으로 삼기 위해 남긴 일부 불전을 통해 한국 침탈의 선봉에 나섰던 일본 불교계의 역사적 흔적과[21] 이질적인 모습을 엿볼 수 있다.

184

185

184  구 동본원사 목포별원 전경

185  구 서경사 전경

186  동국사 대웅전 전경

186

## 일제 강점기에도 우리 양식을 지켜온 한국 불교 건축

일본 불교 건축은 처음에 한국 불교 건축에서 시작하였으나 앞서 살펴본 것과 같이 환경의 차이에 따라 완전히 다른 형식과 구조로 바뀌었다. 이로 인해 일본 불교계가 1877년 우리나라에 침탈하기 시작한 이래로 일제 강점기를 거치는 동안, 이 땅에 자리를 차지한 일본 사찰 경내에는 한국 불교 건축물과 다른 이질적인 일본 불교 건축물이 들어섰다.

일본 불교 건축의 이질성과 더불어 한국 불교의 역사와 문화에 대한 자부심은 결과적으로 한국 불교 건축의 전통적 특성을 강화하였다.

일제 강점기 건립된 한국 불교 건축을 분석하면 고종조 이래의 형식을 그대로 이으면서도, 벽체의 경우 고종조 당시 판벽으로 구성하던 방식을 흙벽으로 구성하는 등 전통적 방식으로 돌아간 것을 볼 수 있다. 불전 실내 마루의 경우 1926년 이래로 우물마루에서 장마루로 바뀌었지만, 이는 일본 장마루 방식이 아닐 뿐만 아니라, 예외 없이 다다미로 구성하는 일본 불전의 실내 바닥과 완전히 다르다.[22]

이 시기 한국 불교 건축은 전통적 특성이 강화되는 가운데 우리 전통 문화를 지켜온 것을 볼 수 있다.

**187** 1943년 건립된 청련사 대웅전 전경

**188** 봉은사 영산전 실내의 장마루

## 주석

1 事典シリーズ 日本佛教總覽「中尾堯, 古代の佛教」, 新人物往來社, 1995, p.16 ; 吉成勇集, 「日本史年表の基礎知識」, 新人物往來社, 1993, p.355 참조

2 「日本書紀」年表 (別册歷史讀本・事典シリーズ〈第2號〉「古事記」「日本書紀」總覽), 新人物往來社, 1989, p419~420

3 日本建築學會, 「日本建築史圖集」, 彰國社, 1994, p.157 및 김성도, 「사진으로 풀어본 한일전통건축」 증보개정판, 도서출판 고려, 2012, p.76

4 이 원시적 방식으로 건축할 경우 얼마 지나지 않아 기둥이 썩게 되므로 짧은 주기로 새로 지어야만 했지만, 이 방식은 일본 전통 건축의 주요 기법의 하나로서 진쟈 건축 등에서 오늘날에도 이어져오고 있다.

5 17세기 이래로 일본의 에도 정부는 불교와 전통 종교인 신도(神道)를 융합하는 신부쯔콘코오(神佛混交) 정책을 시행하여, 사찰에는 전통적인 사찰 건축 형식으로 구성된 건축물과 신도의 진쟈(神社) 건축 형식으로 구성된 건축물이 건립되었다. 이러한 진쟈 형식으로 이루어진 사찰 건축으로 法明寺 鬼子母神堂(日蓮宗, 토시마쿠 조오시가야 3-15-20번지 소재, 1788년 건립), 藥王院 飯縄權現堂(眞言宗智山派, 하찌오오지시 타카오마찌 2177번지 소재, 本殿 1729년, 拜殿 및 幣殿 1753년 건립) 등이 있으며, 이들 불전은 앞에서 뒤쪽으로 하이덴(拜殿)・헤이덴(幣殿)・혼덴(本殿)의 순으로 구성되고 있다.

6 이에 대한 상세 내용은 김성도, 「근대기 한일 불교 건축」, 도서출판 고려, 2010 참조

7 중국에서 상상의 동물

8 일종의 원주심포 양식으로 기둥 상단에 배(舟) 형태의 첨차를 얹어 도리를 받는 양식

9 조선 말 당시 한국 사찰에서는 주심포가 더 이상 사용되지 않고 후기 익공식이 발전하는 등 옛 양식을 대체하여 새로운 양식이 변천 발전해 간 것을 볼 수 있다.

10 불교 도입 이전에 존재하여 왔던 하늘과 땅의 신령(神祇)이 중심이 되는 전통 종교. 신령 봉안을 위해 진쟈(神社)를 두었다.

11 神祇事務局에서는 1868년 3월 17일자로 社僧 금지 명령을 전국의 제 神社에 내리고, 神社의 別當과 社僧은 전부 환속하며, 僧位僧官을 반납하고 정부의 통지를 기다리도록 하여, 神社에 소속한 승려의 환속을 명하였다. 이어 28일에는 神佛判然令을 포고하여, 權現, 明神, 菩薩 등의 佛號에 관련시킨 神號의 폐지를 명하고, 또 兩部神社로부터는 本地인 불상을 제거하며, 일체의 佛具를 神社 내에 두는 것을 금했다. 다음 달 4월 24일에는 太政官 지시로서 本地垂迹說에 의한 菩薩號의 폐지가 결정되었고, 石淸水, 宇佐, 筥崎 등의 諸社의 八幡大菩薩의 칭호가 폐지되었다. 이후 1871년 5월에는 종래 京都의 왕궁 안에 있던 佛像과 佛具류를 모두 다른 곳에 옮겼고, 궁중의 장례도 神祇 祭祀 형식으로 바꾸었다. 이와 관련해서는 雲藤義道, 「明治の佛敎-近代佛敎史序說」, 現代佛敎叢書, 1956, p.22~24 및 櫻井匡, 「明治宗敎史硏究」, 春秋社, 1971, p.22~26 참조

12 이곳에서 사찰과 진쟈를 담당한 北川茂長은 國學者인 모토오리노리나가(本居宣長)와 히라타아쯔타네(平田篤胤)의 학설을 신봉하였고, 神祇 개정 담당인 濱田八束은 히라타아쯔타네(平田篤胤)의 문인(門人)이었으므로, 神佛分離令 발포와 동시에 엄격한 廢佛이 시행되었다. 「明治の佛敎-近代佛敎史序說」, 앞의 책, p.33~34

13 「明治の佛敎-近代佛敎史序說」, 앞의 책, p.34

14 1868년 12월 8일(양력 1969년 1월 25일) 諸宗同德會盟을 결성한 후, 다음 해 1869년 3월 20일(양력 5월 6일) "皇國을 위하여 신명을 아끼시 않는다"라고 맹세하고, "시교 방이를 위해 일동 죽음을 기약하고 진력하고 싶다"는 취지를 連署하여 올렸다. 東京에서는 1869년 4월 25일(양력 6월 9일) 시바(芝)의 조오죠오지(增上寺)에서 불교계 중진 30여명이 만나 이를 결성하고, "예수교에 대결할 필요가 생길 것이므로, 그 준비를 할 것" 등을 포함한 會盟 규칙 13조를 정하였다. 또한 그 아래로 ① 王法과 佛法은 떼어놓을 수 없는 것 ② 사교를 연구하고 배척하여야 할 것 등, 8개조의 항목을 두어 기독교에 대한 대응 의지와 정부에 대한 충성의 의지를 밝히고 있다. 「雲藤義道」, 앞의 책, p.41~43

15 1885년 관제 개혁 이후 外務大臣으로 바뀜

16 1885년 내각제 창설과 더불어 內務大臣으로 바뀜

17 1817~1894. 오오타니코오쇼오(大谷光勝)의 법명. 淨土眞宗. 진종 대곡파(眞宗 大谷派) 관장. 1889년 은퇴

18 http://www.karatsucity.com/yutaka/koutoku-ji.html

19　1877년에 진종 대곡파 본원사(眞宗 大谷派 本願寺, 신슈우 오오타니하 혼간지)의 오쿠무라(奧村圓心 : 1843~1913)가 부산에서 개교(開敎)하였고, 1881년에 일련종(日蓮宗, 니찌렌슈우)의 와타나베(渡辺日運)가 재차 같은 곳에서 개교하였다. 이와 관련하여 에다토시오(江田俊雄)의 글(朝鮮佛敎史の硏究, 國書刊行會, 1972, p.427~433)을 통해 3기에 걸쳐 이루어진 일본 불교계의 침탈 과정을 살펴볼 수 있다.

20　江田俊雄, 「朝鮮佛敎史の硏究」, 國書刊行會, 1972, p.427~433) 및 「근대기 한일 불교 건축」, 앞의 책, p. 참조

21　일본인 불교대학장 소노다슈우에(薗田宗惠 : 1862~1922)는 종교 전도보다도 조선을 식민화하는 데 앞장설 것을 불교도에게 권고하는 가운데 이를 위해서는 조선의 정신이 불교이므로 철저히 연구할 것을 주장하는 등, 일본 불교계는 1877년 이래로 한국 침탈의 선봉에 나섰다. 한편 2005년 6월 14일 예산 수덕사에서 개최된 '제26차 한일불교문화교류대회 평화기원법회'에 한일불교교류협회 회장인 미야바야시 쇼겐이 참석하여 과거의 침략에 대한 반성을 밝힌 것을 볼 수 있다. (현대불교, 2005.6.18 기획 오피니언 〈구승회, 일본 불교계의 '참회' 확산되길〉 기사 참조)

22　이에 대한 상세 내용은 「근대기 한일 불교 건축」, 앞의 책 참조

참고문헌 · 사진설명 · 찾아보기

참고문헌

- 「고려사절요」
- 「고종실록」
- 「공차일록(公車日錄)」
- 「大雄寶殿內願文」, 용주사
- 「大雄殿上樑文」, 용주사
- 「별건곤」
- 「승정원일기」
- 「承政院日記」
- 「悅菴文集」
- 「英宗大王願堂事跡」
- 「龍珠寺創建勸善文」
- 「일성록」
- 「日省錄」
- 「정치일기(政治日記)」
- 「조선왕조실록」
- 「朝鮮王朝實錄」
- 「天保樓上樑文」, 용주사
- 청우일록(靑又日錄)
- 김봉건, 「조선왕실 원당사찰건축의 구성형식」, 대한건축학회논문집, 12권 7호, pp. 97~106, 1996.7.
- 김봉렬, 「조선시대 사찰건축의 전각구성과 배치형식 연구 – 교리적 해석을 中心으로」, 서울대 박사논문, 1989. 8.
- 김봉열, 「17세기 전란후 재건사업」, 대한건축학회지, 35권 2호, 통권 152호, pp.24~29, 1991.3.
- 김봉열, 「조선왕실 원당사찰건축의 구성형식, 대한건축학회논문집」, 12권 7호, pp.97~106, 1996.7.
- 김성도, 「조선말기 건봉사 가람의 구성과 변천에 관한 연구」, 대한건축학회논문집(계획계), 18권 2호, 2002. 2.
- 김성도, 「조선시대말과 20세기 전반기의 사찰 건축 특성에 관한 연구 – 서울·경기 일원의 불전을 중심으로」, 고려대 박사학위논문, 1999. 8.
- 김성도·片桐正夫, 「19세기 일본 불교 건축의 특성 연구 – 수도권 일원 사찰의 불전 건축 의장을 중심으로」, 대한건축학회논문집(계획계), 22권 7호, 2006. 7.

- 김성도·주남철, 「고종년간 서울·경기 일원의 사찰 대방 의장에 관한 연구」, 대한건축학회논문집(계획계), 15권, 4호, 1999. 4.
- 김성도·주남철, 「고종년간 서울·경기 일원의 사찰 전각 의장에 관한 연구」, 대한건축학회논문집(계획계), 14권, 12호, 1998. 12.
- 김헌규, 「임진왜란 이후 성곽도시의 대안으로서 정비된 산성도시 "남한산성"에 관한 연구」, 대한건축학회논문집, 21권 11호, pp. 179~186, 2005.11.
- 윤장섭, 「한국의 영조척도」, 대한건축학회지 19권 63호, 1975.4.
- 이주원, 「한복의 치수 설정에 관한 연구(1) - 여자저고리를 중심으로」, 韓國民俗學硏究論著 25 한복
- 전봉희·박동민, 「7세기 이전 고대 가람의 영조척 추정」, 한국건축역사학회 2007 춘계학술발표대회, 2007
- 주남철·신정진, 「조선시대 궁궐건축의 난간양식에 관한 연구」, 대한건축학회지 22권 83호, 1978.8.
- 최상헌, 「전통주거건축 내부공간과 인체치수와의 상관성에 관한 연구 - 연경당 및 조선상류주택의 비교분석을 통하여」, 대한건축학회논문집 10권 11호 1994.1.
- 문화재관리국, 「조선시대 척도자료 조사용역 보고서」, 1992.12.
- (주)계림종합건설, 「수원 팔달문 해체·보수공사 수리보고서」, 수원시 화성사업소, 2013.5.
- 『성기노 시성분와새 실측소사모고서』, 성기노, 1989.
- 姜晋哲, 「安洞別宮考(아세아여성연구 2, 숙명여자대학교아세아여성연구소)」, 1963.12.
- 서울 六百年史 문화사적편, 1987
- 서울특별시사 고적편, 1965
- 안진호편, 「終南山彌陀寺略誌」, 1943
- 풍문여자고등학교편, 「豊文五十年史」, 1995
- 「동명연혁고」, 서울시사편찬위원회, 1967
- 「문화재이야기 2」, 문화재청, 2012
- 김성도, 「건축유산의 보존과 활용 : 근현대문화재」, 도서출판 고려, 2012
- 김성도, 「근대 일본 사회와 문화」, 도서출판 고려, 2009
- 김성도, 「근대기 한일 불교 건축」, 도서출판 고려, 2010
- 김성도, 「능침사찰」, 한국건축개념사전, pp.239~240, 2013
- 김성도, 「사진으로 풀어본 한일전통건축 증보개정판」, 도서출판 고려, 2012
- 김성도, 「수호사찰」, 한국건축개념사전, pp.577~579, 2013

## 참고문헌

- 김성도, 「원당 사찰」, 한국건축개념사전, pp.658~659, 2013
- 김성도, 「한국건축문화유산 사찰대방건축」, 도서출판 고려, 2007
- 김정동, 「일본을 걷는다 – 일본 속의 한국 근대사 현장을 찾아서」, 한양출판, 1997
- 김홍식, 「조선 궁궐의 막새기와 문양과 장식기와」, 민속원, 2009
- 도중필, 「문화재수리 등에 관한 법률 해설」, 민속원, 2011
- 전통사찰총서 4 「서울의 전통사찰」, 寺刹文化硏究院, 1995
- 「문화재보호법」
- 「문화재수리 등에 관한 법률」
- 2007년 국고보조사업 방충사업지침, 문화재청
- 2012년 문화재보수정비 국고보조사업 지침, 문화재청
- 「문화재수리 등에 관한 업무지침」
- 한국불교대사전편찬위원회편, 「한국불교대사전 5」, 명문당, 1993
- 「동아원색세계대백과사전」, 동아출판사, 1990
- 「브리태니커백과사전」
- 「표준국어대사전」, 국립국어연구원
- 「한국민족문화대백과사전」, 한국정신문화연구원, 1991
- 동아일보
- 每日申報
- 조선중앙일보
- 현대불교(2005.6.18 기사)
- 황성신문
- '08~'09 地球の歩き方　アンコールワットとカンボジア, 2008
- 江田俊雄, 「朝鮮佛敎史の硏究」, 國書刊行會, 1972
- 「建築大辭典」, 彰國社, 1988
- 「建築雜誌」, 日本建築學會, 1993年8月號
- 今川達雄・川瀬 生郎・山田基久, 「アンコールの遺跡・カンボジアの文化と芸術」, 霞ケ關出版株式會社, 1969

- 吉成勇集, 「日本史年表の基礎知識, 新人物往來社」, 1993
- 金剛秀友編, 「古寺名刹大辭典」, 東京堂出版, 1997
- 事典シリーズ 日本佛教總覽 「中尾堯, 古代の佛教」, 新人物往來社, 1995
- 神奈川県 教育委員會, 「近世社寺建築調査報告書集成 第5卷」, 株式會社東洋林, 2003
- 櫻井匡, 「明治宗教史研究」, 春秋社, 1971
- 雲藤義道, 「明治の佛敎-近代佛敎史序說」, 現代佛敎叢書, 1956
- 日本建築學會, 日本建築史圖集, 彰國社, 1994,
- 財團法人朝鮮佛敎中央敎務院, 朝鮮寺刹三十一本山寫眞帖, 1929.8.29.
- 崔炳夏, 「クメール王朝アンコール期の宗教建築における建築構法の發展に關する研究」, 日本大學 博士學位論文, 2001
- http://whc.unesco.org/archive/repcom92.htm#angkor
- http://www.unesco.org/new/en/phnompenh/about-this-office/single-view/news/angkor_world_heritage_site
- Michael Freeman · Claude Jacques, 「Ancient Angkor」, River Books, 2003
- Spiro Kostof, 「The Architect : Chapters In the History of the Profession」, Oxford University Press, 1977
- William T. O'Hara, 「Centuries of Success: Lessons from the World's Most Enduring Family Business」, Adams Media Corporation, 2003

# 사진 설명

001 거창 동계 종택(촬영일자 : 2000.5.6) ……………………………………… 12
002 석굴암 내부 모습(촬영일자 : 2013.3.7) ……………………………………… 12
003 고구려 장군총 모습(촬영일자 : 1994.7.21) ………………………………… 12
004 남한산성 성곽 모습(촬영일자 : 2014.3.27) ………………………………… 12
005 바푸온 사원 전면 전경(촬영일자 : 2009.12.13) …………………………… 16
006 현대장비를 사용 중인 바푸온 사원 현장(촬영일자 : 2008.12.2) ………… 17
007 철근콘크리트를 타설한 바푸온 사원 상부(촬영일자 : 2009.12.13) ……… 17
008 프놈 바켕(Phnom Bakheng) 사원 동측 및 북측 전경(촬영일자 : 2008.12.2) …… 18
009 프놈 바켕(Phnom Bakheng) 사원 두번째 기단에 놓인 탑의 사면에
    두른 붕괴 방지용 가설 시설 모습(촬영일자 : 2008.12.2) ………………… 19
010 North Khleang 후면 작업장 안에서 달고 제작하는 모습(촬영일자 : 2008.11.29) …… 20
011 밧 첨(Bat Chum) 사원 고푸라의 나무 비계 모습(촬영일자 : 2009.12.13) …… 21
012 붕괴된 차우 스레이 비볼(Chau Srei Vibol) 사원 한쪽에 설치된 가설 지지대 모습
    (촬영일자 : 2007.11.26) ……………………………………………………… 21
013 방치된 프놈 복(Phnom Bok) 사원 전경(촬영일자 : 2009.12.16) ………… 22
014 팔달문 전경(수리전 모습)(촬영일자 : 2009.7.1) …………………………… 24
015 철골 가설덧집을 씌운 팔달문 전경(촬영일자 : 2012.3.27) ……………… 24
016 팔달문 가설덧집 내부 모습(촬영일자 : 2012.3.27) ………………………… 25
017 팔달문 가설덧집 내 부재 적재 현황(촬영일자 : 2012.3.27) ……………… 25
018 하이브리드 공법 및 丁자형 철물로 보수 보강한 보와 그 위에 기둥을 올린 모습
    (촬영일자 : 2012.3.27) ……………………………………………………… 25
019 탄소섬유를 부착한 1층부 평방 밑면 모습(촬영일자 : 2012.3.6) ………… 25
020 철원 노동당사(등록 제22호) 전면 전경(촬영일자 : 2011.7.27) …………… 26
021 목포 정명여자중학교 구 선교사사택(등록 제62호) 전경(촬영일자 : 2010.3.25) …… 27
022 구 통영군청(등록 제149호) 전경(촬영일자 : 2008.4.19) ………………… 28
023 보수 중인 수원 팔달문(촬영일자 : 2012.7.3) ……………………………… 32
024 보수 중인 수원 팔달문 모습(촬영일자 : 2012.6.23) ……………………… 34

| 025 | 보수 중인 남한산성 제2남옹성 전경(촬영일자 : 2014.3.27) ………………………… 34 |
| 026 | 창덕궁 부용정 가설울타리의 분진망 설치 사례(촬영일자 : 2012.6.29) ……………… 36 |
| 027 | 수원 팔달문 가설울타리 안쪽의 수리용덧집과 분진망 전경(촬영일자 : 2012.3.27) ………… 39 |
| 028 | 키요미즈데라 아사쿠라도오(淸水寺 朝倉堂) 수리용덧집을 두른 분진망(촬영일자 : 2012.6.13) … 40 |
| 029 | 키요미즈데라 오쿠노인(淸水寺 奧の院) 수리용덧집 분진망(촬영일자 : 2012.6.13) ………… 40 |
| 030 | 일식 가옥의 특징을 볼 수 있는 김제 신풍동 일본식가옥 측면 전경(촬영일자 : 2011.4.13) …… 42 |
| 031 | 간략한 기단 위 초석과 도다이를 놓고 기둥을 세워 만든 옛 사사키케(佐々木家) 주택 전경(일본 카와사키시립일본민가원 소재. 촬영일자 : 2004.4.3) …………………… 45 |
| 032 | 배수로를 설치하고 기단 없이 초석과 도다이를 놓고 기둥을 세워 만든 옛 이오카케(井岡家) 주택 전경(일본 카와사키시립일본민가원 소재, 촬영일자 : 2004.4.3) ………… 46 |
| 033 | 간략한 기단 위 초석과 도다이를 놓고 기둥을 세워 만든 니시카와케(西川家) 별저 (일본 昭島市 中神町 소재, 촬영일자 : 2004.4.24) …………………………………… 48 |
| 034 | 기단 속에 묻혀 부식된 수평 목재를 노출시키고 부식 부분을 보수한 울릉 도동리 일본식 가옥(촬영일자 : 2011.7.29) ……………………………………… 48 |
| 035 | 여주 고달사지 원종대사탑비 전면(촬영일자 : 2012.5.1) …………………………… 50 |
| 036 | 충주 청룡사지 보각국사탑 앞 사자 석등(촬영일자 : 2012.10.08) ……………………… 53 |
| 037 | 충주 청룡사지 보각국사탑 앞 사자 석등 하부 우측면 및 후면(촬영일자 : 2012.10.08) ………… 53 |
| 038 | 충주 청룡사지 보각국사탑 앞 사자 석등 하부 후면(촬영일자 : 2012.10.08) ……………… 54 |
| 039 | 충주 청룡사지 석종형부도(촬영일자 : 2012.10.8) ……………………………………… 54 |
| 040 | 강화 외성 전경(촬영일자 : 2013.4.12) ………………………………………………… 56 |
| 041 | 강화 외성 트렌지 조사 때 나온 전돌 및 석회(촬영일자 : 2013.7.5) ……………………… 58 |
| 042 | 강화 외성 안측의 판축 다짐층에 강회 사용 여부 확인(15% 희석 염산 사용) (촬영일자 : 2013.7.5) ………………………………………………………………… 59 |
| 043 | 희석 염산이 닿아 거품 발생 중인 석회 덩이(촬영일자 : 2013.7.5) …………………… 59 |
| 044 | 방충 작업 중인 강릉문묘대성전 전경 (촬영일자 : 1994.5.6) ………………………… 62 |
| 045 | 고종28년(1891) 무렵 건립된 백련사 약사전 전경(촬영일자 : 1998.2.13) ………………… 68 |
| 046 | 백련사 약사전 우측면 판벽(촬영일자 : 2010.10.24) ………………………………… 70 |

| 사진 설명 |

| | | |
|---|---|---|
| 047 | 백련사 약사전 전면좌측 공포(촬영일자 : 1998.9.5) ················································· | 71 |
| 048 | 백련사 약사전 전면좌측 협간 안쪽의 기둥 상부 평방 위 장판재로 구성된 화반벽(촬영일자 : 1999.4.17) ·· | 71 |
| 049 | 파주 혜음원지(사적 제464호) 행궁지 기단 및 석축 (촬영일자 : 2012.2.24) ····················· | 74 |
| 050 | 기단 위 초석을 두고 초반을 놓아 기둥을 받는 방식으로 구성된 혜음원지 (촬영일자 : 2012.2.24) ························································································· | 76 |
| 051 | 기단 위 초석을 두고 기둥을 받는 방식으로 구성된 창덕궁 소요정(촬영일자 : 2005.6.15) ········· | 77 |
| 052 | 기단 위 초석을 두고 귀틀을 놓아 기둥을 받는 방식으로 구성된 전주 풍패지관 서익헌(촬영일자 : 2008.3.21) ······················································· | 77 |
| 053 | 기단 위 초석을 두고 석재 초반을 놓아 기둥을 받는 방식으로 구성된 일본의 즈이쇼오지 다이유우호오덴(瑞聖寺 大雄寶殿)(촬영일자 : 2003.6.15) ··························· | 78 |
| 054 | 기단 위 초석을 두고 목재 초반을 놓아 기둥을 받는 방식으로 구성된 일본의 코쿠분지 로오몬(國分寺 樓門)(촬영일자 : 2004.1.3) ··································· | 78 |
| 055 | 혜음원지 배치도 ··································································································· | 80 |
| 056 | 긴 판재를 설치한 후 안쪽 면에 화반을 대고 소로를 끼워 고정한 내목도리 장여 하부 화반벽(촬영일자 : 2012.6.19) ··································· | 82 |
| 057 | 긴 판재를 설치한 후 안쪽 면에 화반을 대고 소로를 끼워 고정한 내목도리 장여 하부 화반벽(촬영일자 : 2012.6.19) ··································· | 84 |
| 058 | 화반과 화반 사이에 판재를 끼워 구성한 하부 멍에창방의 아래쪽 화반벽(촬영일자 : 2012.6.19) ··································································· | 84 |
| 059 | 판재를 끼울 수 있게 제작된 화반 상세(촬영일자 : 2012.5.17) ······································· | 84 |
| 060 | 상층부 화반벽 구성 모습(빈공간으로 둔 곳과 판재로 구성한 곳 보임)(촬영일자 : 2012.6.19) ······ | 85 |
| 061 | 긴 판재 안쪽 면에 화반을 대고 소로를 끼워 고정한 화반벽 및 빈 공간으로 이루어진 포벽 모습(촬영일자 : 2012.12.10) ··································· | 86 |
| 062 | 판재와 포벽이 공존하는 용주사 대웅보전 포벽(촬영일자 : 2012.7.19) ··································· | 87 |
| 063 | 팔달문의 빈공간으로 둔 포벽 및 현판 상량 기록 (촬영일자 : 2009.7.1) ··································· | 88 |
| 064 | 이축되기 전의 풍문여고 내 정화당(좌측)과 경연당 · 현광루(우측) 전경(1944년 전후의 해체 전 모습)(촬영일자 : 2006.2.3) ··································· | 90 |

| | | |
|---|---|---|
| 065 | 매각되어 헐리기 전의 안국동별궁 대문간채 및 행랑채 전경 ················· | 93 |
| 066 | 정화당 모습(촬영일자 : 2006.2.3) ····························· | 95 |
| 067 | 경연당 · 현광루 모습(촬영일자 : 2006.2.2) ······················ | 96 |
| 068 | 풍문여고 교내 뒤편 한옥 모습(촬영일자 : 2006.2.3) ················ | 97 |
| 069 | 풍문여고 교내 뒤편 한옥 천장의 단청(촬영일자 : 2006.2.3) ·········· | 97 |
| 070 | 풍문여고 담장(촬영일자 : 2006.2.3) ···························· | 97 |
| 071 | 경연당과 현광루 전경(사진촬영 : 2006.2.2) ······················ | 99 |
| 072 | 현광루 전측면 전경(사진촬영 : 2006.2.2) ······················· | 99 |
| 073 | 안국동별궁 평면도(2006년 당시 현황) ··························· | 100 |
| 074 | 안국동별궁 입면도(2006년 당시 현황) ··························· | 100 |
| 075 | 몰익공 양식의 행각 모습(촬영일자 : 2006.2.2) ··················· | 101 |
| 076 | 경연당 가구 모습(촬영일자 : 2006.2.2) ························· | 101 |
| 077 | 2익공 양식의 경연당 모습(촬영일자 : 2006.2.2) ·················· | 101 |
| 078 | 경연당 좌측 제3측간 후면쪽 단청 흔적이 남아 있는 상부 가구 모습(촬영일자 : 2006.2.3) ······· | 101 |
| 079 | 경연당 좌측 제4측간의 실내 상부 천장(촬영일지 : 2006.2.2) ·········· | 102 |
| 080 | 경연당 좌측 제4측간 상부 천장의 봉황무늬 상세(촬영일자 : 2006.2.3) ··· | 102 |
| 081 | 2익공 양식의 현광루 모습(촬영일자 : 2006.2.2) ·················· | 102 |
| 082 | 모서리와 면 중간부에 두 줄을 넣어 쌍사로 치장한 기둥(촬영일자 : 2006.2.2) ············ | 102 |
| 083 | 경연당 좌측 제3측간 후면 상부 화반벽의 양각과 단청을 함께 사용해 화반을 표현한 장판재 모습(촬영일자 : 2006.2.3) ······················ | 103 |
| 084 | 경연당 몸채 후면 돌출부 우측면의 지붕 장식 용두 및 막새 상세(촬영일자 : 2006.2.3) ·········· | 104 |
| 085 | 현광루 지붕 우측전면 내림마루의 용두 상세(촬영일자 : 2006.2.3) ······ | 104 |
| 086 | 고종 15년(1878) 건립된 화계사 명부전의 용두 모습(촬영일자 : 1998.12.6) ············ | 104 |
| 087 | 경연당 좌측 앞쪽 지붕 합각마루 부근의 내림새(龍)와 막새(喜) 및 너새(거미) 무늬 모습 (촬영일자 : 2006.2.2) ·········································· | 105 |
| 088 | 정화당 전면 외관(촬영일자 : 2006.2.3) ························· | 107 |
| 089 | 정화당 전면면 및 후면 일부 모습(촬영일자 : 2006.2.3) ·············· | 107 |

| 사진 |
| 설명 |

090 정화당 평면도(2006년 당시 현황) ················································ 108
091 정화당 전면우측 귓기둥 상부(촬영일자 : 2006.2.3) ····················· 108
092 정화당 실내 모습(촬영일자 : 2006.2.3) ······································ 108
093 무량수각 전면 전경(촬영일자: 2010.4.29) ·································· 114
094 내부 보관 중인 무량수각 현판(촬영일자 : 2010.4.29) ················· 116
095 코오토쿠인(高德院) 경내의 대불(大佛) 전경(촬영일자 : 2010.4.29) ··· 117
096 코오토쿠인 경내도, 觀月堂이라 쓰인 건물이 무량수각임(촬영일자 : 2010.4.29) ··· 117
097 전면 모습(촬영일자 : 2010.4.29) ················································ 119
098 우측면 모습(촬영일자 : 2010.4.29) ············································ 121
099 콘크리트 기단 내부 모습(촬영일자 : 2010.4.29) ························ 121
100 우측면 및 후면 모습(촬영일자 : 2010.4.29) ······························· 121
101 실내 우물마루(촬영일자 : 2010.4.29) ········································ 122
102 전면 툇간의 우물마루(촬영일자 : 2010.4.29) ····························· 123
103 전면 툇간의 쌍희자 무늬(촬영일자 : 2010.4.29) ························ 123
104 전면좌측 협간(촬영일자 : 2010.4.29) ········································ 124
105 실내 우측벽 하부의 머름(촬영일자 : 2010.4.29) ························ 125
106 전면 좌측 귓기둥 상부 익공(촬영일자 : 2010.4.29) ··················· 127
107 전면 익공(촬영일자 : 2010.4.29) ················································ 127
108 우측 박공판 모습(촬영일자 : 2010.4.29) ··································· 128
109 내부 상부 가구(촬영일자 : 2010.4.29) ······································· 128
110 대들보와 후면 기둥의 결구 모습(촬영일자 : 2010.4.29) ············ 128
111 전면 내림새의 용문 상세(촬영일자 : 2010.4.29) ························ 130
112 너새의 거미문 상세(촬영일자 : 2010.4.29) ································ 130
113 대들보 단청(촬영일자 : 2010.4.29) ············································ 130
114 전면좌측 협간의 난간상세(촬영일자 : 2010.4.29) ······················ 130
115 미타사 금보암 입구 전경(촬영일자 : 2007.2.3) ·························· 134
116 미타사 극락전 전면(촬영일자 : 2007.2.3) ·································· 137

| | | |
|---|---|---|
| 117 | 미타사 대방 전면(촬영일자 : 2007.2.3) | 137 |
| 118 | 미타사 독성각 전면(촬영일자 : 2007.2.3) | 138 |
| 119 | 미타사 대방 후면(촬영일자 : 2007.2.3) | 138 |
| 120 | 산신각 전면(촬영일자 : 2007.2.3) | 140 |
| 121 | 산신각 전면 상부(촬영일자 : 2007.2.3) | 140 |
| 122 | 산신각 우측면(촬영일자 : 2007.2.3) | 140 |
| 123 | 산신각 건립 경위 편액 1(촬영일자 : 2007.2.3) | 141 |
| 124 | 산신각 건립 경위 편액 2(촬영일자 : 2007.2.3) | 141 |
| 125 | 산신각 실내(촬영일자 : 2007.2.3) | 141 |
| 126 | 미타사 금보암 관음전 정면(촬영일자 : 2007.2.3) | 143 |
| 127 | 미타사 금보암 관음전 전면 및 우측면(촬영일자 : 2007.2.3) | 144 |
| 128 | 미타사 금보암 관음전 후면(촬영일자 : 2007.2.3) | 144 |
| 129 | 미타사 금보암 관음전 전면 공포 상세(촬영일자 : 2007.2.3) | 144 |
| 130 | 미타사 금보암 관음전 어간의 형식화된 용머리와 용꼬리 모습(촬영일자 : 2007.2.3) | 145 |
| 131 | 미타사 금보암 현판(촬영일자 : 2007.3.22) | 146 |
| 132 | 앙코르와트 전면 전경(촬영일자 : 2007.11.26) | 150 |
| 133 | 좌측편 연지에서 본 앙코르와트 전경(촬영일자 : 2009.12.14) | 152 |
| 134 | 앙코르와트 회랑 벽체의 부조 (촬영일자 : 2007.11.26) | 154 |
| 135 | 앙코르와트 벽체에 부조된 천상의 무희 압사라(촬영일자 : 2009.12.14) | 157 |
| 136 | 바욘 사원 전경(촬영일자 : 2009.12.13) | 158 |
| 137 | 바욘 사원 전경(촬영일자 : 2009.12.13) | 159 |
| 138 | 바욘 사원 중앙부 고푸라에 조각된 얼굴(촬영일자 : 2009.12.13) | 159 |
| 139 | 실물 크기의 코끼리 부조와 조각으로 벽면이 채워진 코끼리 테라스 전경(촬영일자 : 2007.11.27) | 161 |
| 140 | 레퍼왕 테라스 전경(촬영일자 : 2007.11.27) | 161 |
| 141 | 롤레이 사원의 링거(촬영일자 : 2009.12.16) | 162 |
| 142 | 롤레이 사원 모습(촬영일자 : 2009.12.16) | 163 |
| 143 | 콘크리트가 타설된 바푸온 사원 상부(촬영일자 : 2009.12.14) | 163 |

## 사진 설명

| | | |
|---|---|---|
| 144 | 물이 담겨진 네악포안 사원(촬영일자 : 2009.12.14) | 164 |
| 145 | 이세신궁 내궁 전경(출처 : ⓒby ajari, www.flickr.com) | 172 |
| 146 | 신궁 주변 현황(출처 : 神宮司廳營林部, 神宮宮域林) | 174 |
| 147 | 이세신궁 내궁(왼쪽) 및 외궁(오른쪽) 주변 현황(출처 : http://www.isejingu.or.jp) | 175 |
| 148 | A, B 영역 모두 존속 중인 이세신궁 내궁 배치도(日本建築史圖集 新訂版 참조) | 177 |
| 149 | 61회 재건 후 B 영역에만 존속하는 이세신궁 내궁 배치도(新版 日本建築圖集 참조) | 178 |
| 150 | 이세신궁 내궁 정전 정면도(日本建築史圖集 新訂版 참조) | 179 |
| 151 | 이세신궁 내궁 정전 좌측면도(日本建築史圖集 新訂版 참조) | 179 |
| 152 | 이세신궁 내궁 정전 평면도(日本建築史圖集 新訂版 참조) | 179 |
| 153 | 고궁박물관 소장 조선 시대 놋쇠자 모습(촬영일자 : 2011.10.2) | 182 |
| 154 | 김제 금산사 미륵전 주변 전경(촬영일자 2001.5.5) | 186 |
| 155 | 일제 강점기 당시 은해사 전경(출처 : 朝鮮寺刹三十一本山寫眞帖) | 188 |
| 156 | 속리산 법주사의 순조 태봉도 모습(촬영일자 : 2012.1.22) | 188 |
| 157 | 법주사의 순조 태봉도 상세(촬영일자 : 2014.9.7) | 188 |
| 158 | 일제 강점기 당시 월정사 전경(출처 : 朝鮮寺刹三十一本山寫眞帖) | 190 |
| 159 | 평창 오대산 사고(출처 : 조선고적도보) | 190 |
| 160 | 구례 화엄사 각황전 및 대웅전 전경(촬영일자 : 2000.5.5) | 192 |
| 161 | 남한산성 장경사 모습(촬영일자 : 2013.1.29) | 192 |
| 162 | 입암산성도(한국학중앙연구원 장서각 소장) | 194 |
| 163 | 2013년 신륵사 전경(여주시청 제공) | 196 |
| 164 | 신륵사 구룡루 전면 전경(촬영일자 : 2008.5.11) | 198 |
| 165 | 회암사지 기단 유구 전경(촬영일자 : 1998.12.4) | 198 |
| 166 | 송광사 하사당 전면(전남 순천시 송광면 신평리 12번지, 촬영일자 : 1991.5.3) | 202 |
| 167 | 내소사 설선당 우측면 전경(전북 부안군 진서면 석포리 268번지, 촬영일자 : 1998.11.7) | 204 |
| 168 | 선암사 천불전 전면(전남 순천시 승주읍 죽학리 802번지, 촬영일자 : 1989.6.3) | 204 |
| 169 | 선암사 배치도(출처 : 선암사 육방건축의 형식과 성격) | 207 |
| 170 | 내소사 배치도(출처 : 한국의 고건축 9호) | 207 |

| | | |
|---|---|---|
| 171 | 사도세자의 원당 사찰인 용주사 경내의 천보루에서 본 대웅전 전경(촬영일자 : 2006.9.21) ……… | 210 |
| 172 | 고종 황제 51세를 맞아 사액을 받은 순천 송광사 성수전(현 관음전 개칭) 전경(촬영일자 : 2002.5.2) ……… | 214 |
| 173 | 송광사 배치도 ……………………………………………………………………………… | 214 |
| 174 | 인종 태실이 조성된 은해사 전경(출처 : 朝鮮寺刹三十一本山寫眞帖) ……………………… | 215 |
| 175 | 20세기 중반 재건된 시텐노오지(四天王寺) 전경 (촬영일자 : 1990.9.29) ……………… | 218 |
| 176 | 홋타테바시라로 된 카모와케이카즈찌진쟈(賀茂別雷神社)의 하시도노(橋殿) 전경 (촬영일자 : 2012.6.13) ………………………………………………………………… | 220 |
| 177 | 전면에 코오하이(向拜)가 구성된 후묘오지 다이니찌도오(普明寺 大日堂) 전경 (촬영일자 : 2004.5.2 / 소재지 東京都 昭島市 拝島町 1-10) ……………………… | 222 |
| 178 | 코쿠분지(國分寺) 야쿠시도우(藥師堂) 앞 향배(코우하이) 좌측기둥 상부의 뺄목 장식한 바쿠(좌측)와 사자(우측) (촬영일자 : 2004.1.3 / 소재지 東京都 國分寺市 西元町 1-13-16) ……… | 222 |
| 179 | 나게시가 구성된 토오쇼오다이지(唐招提寺) 콘도오(金堂) 전면 (촬영일자 : 2012.6.14 / 소재지 奈良縣 奈良市 五條町 13-46) …………………… | 223 |
| 180 | 나게시가 구성된 쵸오후쿠지(長福寺) 혼도오(本堂) 전면 (촬영일자 : 2003.7.5 / 소재지 東京都 町田市 相原町 2109) ……………………… | 223 |
| 181 | 하네기와 코야구미가 결합된 토오쇼오다이지콘도오(唐招提寺 金堂) 지붕틀 단면도 (출처 : 日本建築史參考圖集) …………………………………………………………… | 224 |
| 182 | 도조오즈쿠리(土藏造)로 만들어진 코오토쿠지 쿄오조오(廣德寺 經藏) 전경 (촬영일자 : 2003.9.13 / 소재지 東京都 西多摩郡 五日市町 小和田 234 ) …………… | 224 |
| 183 | 후나히지키 양식의 카이젠지(海禪寺) 혼도오(本堂) (촬영일자 : 2003.9.27 / 소재지 東京都 青梅市 二俣尾 4-962) ……………………… | 224 |
| 184 | 구 동본원사 목포별원 전경(촬영일자 : 2010.3.25) …………………………………… | 227 |
| 185 | 구 서경사 전경(촬영일자 : 2010.4.14) ………………………………………………… | 227 |
| 186 | 동국사 대웅전 전경(촬영일자 : 2009.12.24) ………………………………………… | 227 |
| 187 | 1943년 건립된 청련사 대웅전 전경(촬영일자 : 2007.1.7 / 소재지 : 서울 성동구 하왕십리 2동 998) ……… | 229 |
| 188 | 봉은사 영산전 실내의 장마루(촬영일자 : 2010.10.16 / 소재지 : 서울 강남구 삼성동 73) ……… | 229 |

## 찾아보기

### ㄱ

가례소 · · · · · · · · · · · · · · · · · · · · · · · · · · · · · · · · · · · · · 93
가설덧집 분진망 · · · · · · · · · · · · · · · · · · · · · · · · · 47
강당(講堂) · · · · · · · · · · · · · · · · · · · · · · · · · · · · · · 211
강화 외성 · · · · · · · · · · · · · · · · · · · · · · · · · · · · 57, 60
강회 사용 여부 파악 방법 · · · · · · · · · · · · · · · · 57
강회 · · · · · · · · · · · · · · · · · · · · · · · · · · · · · · · · · · · · · 57
개경사(開慶寺) · · · · · · · · · · · · · · · · · · · · · · · · · 199
개인 재산 · · · · · · · · · · · · · · · · · · · · · · · · · 139, 205
건봉사 · · · · · · · · · · · · · · · · · · · · · · · · · · · · 139, 205
건식공법 · · · · · · · · · · · · · · · · · · · · · · · · · · · · · · · · 87
건식기법 · · · · · · · · · · · · · · · · · · · · · · · · · · · · · · · · 70
건축 문화재 수리 원칙 · · · · · · · · · · · · · · · · · · · 14
건축 문화재 수리 · · · · · · · · · · · · · · · · · · · 13, 15
건축 문화재 · · · · · · · · · · · · · · · · · · · · · · · · 13, 15
경연당(慶衍堂) · · · · · · · 93, 94, 98, 103, 106, 112
고려척 · · · · · · · · · · · · · · · · · · · · · · · · · · · · · · · · 184
공포 양식 · · · · · · · · · · · · · · · · · · · · · · · · · · · 70, 126
관음영지(觀音靈地) · · · · · · · · · · · · · · · · · · · · 118
국가 수호 · · · · · · · · · · · · · · · · · · · · · · 189, 191, 193
국립 숙박 시설 · · · · · · · · · · · · · · · · · · · · · · · · · 75
국제조정위원회 ICC · · · · · · · · · · · · · · · · · · · 162
군체제거시스템 · · · · · · · · · · · · · · · · · · · · · · · · · 63
궁궐 건축의 수법 · · · · · · · · · · · · · · · · · · · · · · 104
극동학원 · · · · · · · · · · · · · · · · · · · · · · · 29, 157, 160
금강중광 · · · · · · · · · · · · · · · · · · · · · · · · · · · · · · 219
금보암 관음전 · · · · · · · · · · · 135, 136, 139, 142, 145
금보암 · · · · · · · · · · · · · · · · 135, 136, 139, 142, 145
기둥 하부 구성 방식 · · · · · · · · · · · · · · · · · 49, 75
기술지도사업 · · · · · · · · · · · · · · · · · · · · · · · · · · · 60

### ㄴ

내소사 설선당 · · · · · · · · · · · · · · · · · · · · · · · · · 206
네악포안(Neak Pean) · · · · · · · · · · · · · · · 156, 164
노로돔 시하누크(Norodom Sihanouk) · · · · · · · 155
노로돔 시하누크 국왕 · · · · · · · · · · · · · · · · · · 156
노전(爐殿) · · · · · · · · · · · · · · · · · · · · · · · · · · · · · 203
능침 수호 · · · · · · · · · · · · · · · · · · · · · · · · · · · · · · 189
능침 · · · · · · · · · · · · · · · · · · · · · · · · · · · 189, 197, 198
능침사(陵寢寺) · · · · · · · · · · · · · · · · · · · · · · · · 197
능침사찰 · · · · · · · · · · · 189, 197, 198, 199, 200, 201
능침사찰의 역사 · · · · · · · · · · · · · · · · · · · · · · · 198

### ㄷ

다이이잔 쇼오죠오센지(大異山 清淨泉寺) · · · 132
대(大) 큐빗(Royal Cubit) · · · · · · · · · · · · · · · · · 183
대방 · · · · · · · · · · · · · · · · · · · · · · · · 136, 205, 206, 139
데바라자(Devaraja) · · · · · · · · · · · · · · · · · · · · 165
도량형 통일 · · · · · · · · · · · · · · · · · · · · · · · · · · · 184
도조오즈쿠리(土藏造) · · · · · · · · · · · · · · · · · · 225
동문선(東文選) · · · · · · · · · · · · · · · · · · · · · · · · · 81
디지트(Digit) · · · · · · · · · · · · · · · · · · · · · · · · · · 183

## ㄹ

레퍼왕 테라스(Terrace of the Leper King) ·· 30, 160
롤레이(Lolei) ································· 160
르꼬르뷔제(Le Corbusier) ··················· 28

## ㅁ

만일염불회 ····································· 216
멍에창방 ········································ 83
메리츠화재 연수원 ················ 91, 106, 109
목재 ····································· 15, 23, 37
목재의 특성 ····································· 41
목조 문화재에 대한 방충 처리 방법 ········ 63
무량수각(無量壽閣) ····· 115, 120, 126, 129, 131
문화재 ··········································· 29
묽은 염산 ······································· 57
미타사 금보암 관음전 ············· 135, 142, 146
미타사 ······························· 135, 136, 139
미터법 ·········································· 184

## ㅂ

바욘(Bayon) 사원 ····························· 159
바쿠(貘) ······································· 221
바푸온(Baphuon) 사원 ············· 15, 30, 162
밧 첨(Bat Chum) 사원 ························ 20
방장(方丈) ····································· 203

방충 기본 상식 ································· 63
방충방부처리 ···································· 64
방화장 ·········································· 225
법당(法堂) ························· 203, 205, 208
베이트공법(Bait工法) ··························· 66
별가제(別家制) ············ 139, 147, 148, 203,, 205
별궁 ·············································· 92
별방제(別房制) ························· 203, 205
보수(補修) ································· 33, 35
복원(復原) ······································ 35
봉릉사(奉陵寺) ································ 199
봉선사(奉先寺) ································ 199
봉은사(奉恩寺) ································ 199
부남(扶南) ···································· 151
부지막 ··········································· 37
불교 건축의 일본 전래 ······················· 219
불교 도량 ····································· 193

## ㅅ

사고(史庫) 수호 ······························· 189
사고 수호사찰 ································· 191
사찰 재산 ····································· 205
사찰 ············································ 193
상량문 ····································· 69, 70
생석회 ·········································· 60
석조 문화재 수리 ······························ 51
석조 문화재 ···································· 51

# 찾아보기

석회 · · · · · · · · · · · · · · · · · · · · · · · · · · · · · · · · · · · · · · 57
선방 · · · · · · · · · · · · · · · · · · · · · · · · · · · · · · · · · · · · · 205
선암사 · · · · · · · · · · · · · · · · · · · · · · · · · · · · · · · · · · · · 205
세자의 가례 · · · · · · · · · · · · · · · · · · · · · · · · · · · · · · · 93
소노다슈우에(薗田宗惠) · · · · · · · · · · · · · · · · · · 232
소석회 · · · · · · · · · · · · · · · · · · · · · · · · · · · · · · · · · · · 60
손가락 마디 길이 · · · · · · · · · · · · · · · · · · · · · · · · · 184
손상방지(損傷防止) · · · · · · · · · · · · · · · · · · · · · · · 35
수리 · · · · · · · · · · · · · · · · · · · · · · · · · · · · · · 13, 29, 33
수리용덧집 분진망 · · · · · · · · · · · · · · · · · · · · · · · · 37
수리용덧집 휘장막 · · · · · · · · · · · · · · · · · · · · · · · 38
수리용덧집 · · · · · · · · · · · · · · · · · · · · · · · · · · · · 37, 41
수원 화성 · · · · · · · · · · · · · · · · · · · · · · · · · · · · · · · · 89
수호군(守護軍) · · · · · · · · · · · · · · · · · · · · · · · · · · 189
수호사찰 · · · · · · · · · · · · · · · · · · · · · · · · · · · · 189, 193
승군 주둔지 · · · · · · · · · · · · · · · · · · · · · · · · · · · · · 193
승당 · · · · · · · · · · · · · · · · · · · · · · · · · · · · · · · · · · · 206
승려의 주거 공간 · · · · · · · · · · · · · · · · · · · · · · · · 208
승료 · · · · · · · · · · · · · · · · · · · · · · · · · · · · · · · · · · · 206
승병 근거지 · · · · · · · · · · · · · · · · · · · · · · · · · · · · · 191
승사 · · · · · · · · · · · · · · · · · · · · · · · · · · · · · · · · · · · 206
식년천궁(式年遷宮) · · · · · · · · · · · · · · · · · · · · · · 174
신궁 재건 방식 · · · · · · · · · · · · · · · · · · · · · · · · · · 176
신륵사(神勒寺) · · · · · · · · · · · · · · · · · · · · · · 199, 200
신부쯔분리(神佛分離) 정책 · · · · · · · · · · · · · · · 225
신부쯔콘코오(神佛混交) · · · · · · · · · · · · · · · · · · 230
신왕(神王) 숭배 신앙 · · · · · · · · · · · · · · · · · 155, 160

## ㅇ

안국동 · · · · · · · · · · · · · · · · · · · · · · · · · · · · · · · · · 110
안국동별궁 · · · · · · · · · · · · · · · · · · · · 91, 92, 109, 110
압사라(APSARA) · · · · · · · · · · · · · · · · · · · · · 20, 159
앙리 모어(Henri Mouhot) · · · · · · · · · · · · · · · · · 155
앙코르(Angkor) · · · · · · · · · · · · · · · · · · 151, 155, 156
앙코르와트(Angkor Wat) · · · · · · · · · · · · · · · · · · 156
앙코르톰(Angkor Thom) · · · · · · · · · · · · · · · · · · 158
역사적 교훈 · · · · · · · · · · · · · · · · · · · · · · · · · · · · · · 44
연경사(衍慶寺) · · · · · · · · · · · · · · · · · · · · · · · · · · 199
연륜연대 · · · · · · · · · · · · · · · · · · · · · · · · · · · · · · · · 69
염불 수행 법당 · · · · · · · · · · · · · · · · · · · · · · · · · · 206
염불 · · · · · · · · · · · · · · · · · · · · · · · · · · · · · · · · · · · 206
염불당(念佛堂) · · · · · · · · · · · · · · · · · · · · · · · · · · 211
영조척 · · · · · · · · · · · · · · · · · · · · · · · · · · · · · · · · · 184
오오쿠보토시미찌(大久保利通) · · · · · · · · · · · · 226
오쿠무라엔신(奧村圓心) · · · · · · · · · · · · · · · · · · 226
왕실 수호 · · · · · · · · · · · · · · · · · · · · · · 187, 189, 193
요사(寮舍) · · · · · · · · · · · · · · · · · · · 203, 205, 206, 208
요사채 · · · · · · · · · · · · · · · · · · · · · · · · · · · · · · · · · 203
원당(願堂) · · · · · · · · · · · · · · · · · · · · · · · · · · · · · · 211
원당사찰(願堂寺刹) · · · · · · 199, 200, 211, 212, 216
원당전(願堂典) · · · · · · · · · · · · · · · · · · · · · · · · · · 212
원주심포 양식 · · · · · · · · · · · · · · · · · · · · · · · · · · · 230
원형유지 · · · · · · · · · · · · · · · · · · · · · · · · · · · · · · · · 14
육방(六房) · · · · · · · · · · · · · · · · · · · · · · · · · · · · · · 205
육별방 · · · · · · · · · · · · · · · · · · · · · · · · · · · · · · · · · 205

| | |
|---|---|
| 이광규 | 94 |
| 이세신궁(伊勢神宮) | 173, 180 |
| 인법당(人法堂) | 206 |
| 일본 불교 건축 | 221 |
| 일식 가옥 문화재 수리 | 43, 47 |
| 일식 가옥 | 44 |

## ㅈ

| | |
|---|---|
| 자(尺) | 184 |
| 잔디 | 51, 55 |
| 장판재 | 103 |
| 재궁(齋宮) | 197 |
| 전등사본말사지(傳燈寺本末寺誌) | 206 |
| 전통 단위의 의미 | 183 |
| 전통건축 양식의 중요성 | 69 |
| 정비(整備) | 35 |
| 정양소(靜養所) | 203 |
| 정인사(正因寺) | 199 |
| 정토계 사찰 | 139 |
| 정화당(正和堂) | 93, 94, 106, 113 |
| 조선왕조실록 | 195 |
| 조포사(造泡寺) | 197 |
| 종교 공간 | 208 |
| 종남산미타사약지 | 147 |
| 종무소 | 206 |
| 좌선 | 206 |
| 좌선당(坐禪堂) | 211 |

| | |
|---|---|
| 주변 현황 실측이 필요한 이유 | 51 |
| 주척 | 184 |
| 지붕 장식 부재 | 70 |
| 지붕틀 기법 | 70 |
| 진전(眞殿) | 212 |
| 진전사원 | 200 |

## ㅊ

| | |
|---|---|
| 챠우 스레이 비볼(Chau Srei Vibol) 사원 | 20 |
| 초반(礎盤) | 79 |
| 치 | 184 |
| 치수 기본 단위 | 183 |
| 칠궁 | 131 |

## ㅋ

| | |
|---|---|
| 칸게쯔도오(觀月堂) | 115, 118 |
| 캄보디아 | 151 |
| 코끼리 테라스(Terrace of the Elephants) | 160 |
| 코야구미(小屋組) | 225 |
| 코오타이진구우(皇大神宮) | 173 |
| 코오토쿠인(高德院) | 115, 118, 132 |
| 코오하이(向拜) | 221 |
| 크메르(Khmer) | 151 |
| 클레앙(Khleang) 사원 | 15 |
| 타프롬(Ta Prohm) | 162 |

## 찾아보기

### ㅌ

| 탄산칼슘 | 58, 60 |
| 탄소섬유 | 23 |
| 태실(胎室) 수호 | 189 |
| 태실수호사찰(胎室守護寺刹) | 189 |
| 태실봉안수호사찰(胎室奉安守護寺刹) | 189 |
| 테라지마무네노리(寺島宗則) | 226 |
| 토양처리 | 64 |
| 토요우케다이진구우(豊受大神宮) | 173 |

### ㅍ

| 파계사(把溪寺) | 213 |
| 파주 혜음원지 | 75, 81 |
| 판벽 | 88 |
| 팔달문 | 23, 31, 89 |
| 팜(Palm) | 183 |
| 포벽 | 83, 86, 103 |
| 프놈 바켕(Phnom Bakheng) 사원 | 15 |
| 프놈바켕 | 156, 166 |
| 프놈복(Phnom Bok) 사원 | 20 |
| 프레아코(Preah Ko) | 162 |
| 피트 | 183 |

### ㅎ

| 하네기(桔木) | 225 |
| 하이부쯔키샤쿠(廢佛毀釋) 정책 | 225 |
| 하이브리드(Hybrid) 공법 | 23, 31 |
| 한국 불교 건축 | 228 |
| 한양컨트리클럽 | 91, 98, 109 |
| 해충 | 63 |
| 현광루(顯光樓) | 93, 94, 98, 103, 112 |
| 혜음사신창기(惠陰寺新創記) | 81 |
| 호국 사찰 | 193 |
| 홋타테바시라(掘立柱) | 221 |
| 화반 | 83, 87 |
| 화반벽 | 83, 86, 103 |
| 회암사(檜岩寺) | 199 |
| 후나히지키(舟肘木) | 221 |
| 훈증소독 | 63 |
| 흙벽 | 88 |
| 흥교사(興敎寺) | 199 |
| 흥천사(興天寺) | 199 |
| 흰개미 예방 대책 | 63, 65 |

### 기타

| Ad Hoc Group of Experts | 168 |
| ASI | 168 |
| BSCP | 168 |
| $CaCO_3$ | 58 |
| $CaO$ | 60, 61 |
| CSA | 168 |
| DED | 168 |

| | | |
|---|---|---|
| EFEO | 169 | |
| ERDAC | 169 | |
| GACP | 169 | |
| GHF | 169 | |
| GOPURA TEAM | 169 | |
| I.GE.S | 170 | |
| ICCROM | 170 | |
| ICOM | 170 | |
| JASA | 170 | |
| NZAid | 170 | |
| RAF | 170 | |
| UNESCO | 171 | |
| WMF | 171 | |

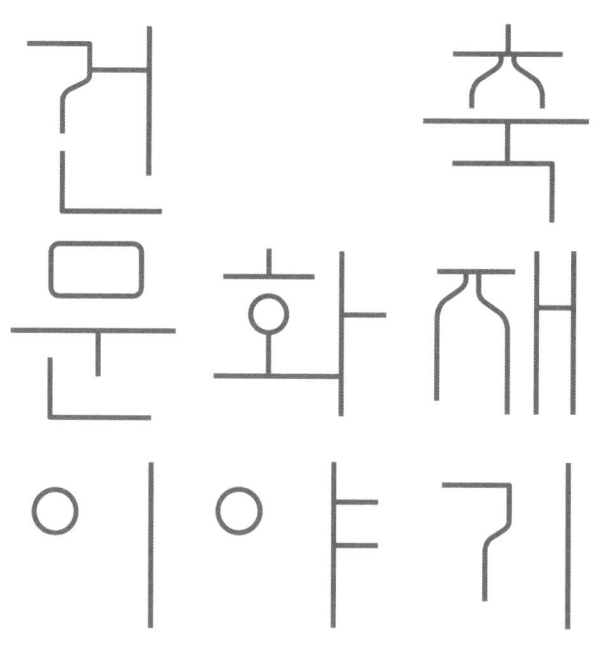

건축 문화재 이야기